U0440734

目 录

自序 ▶▶▶ 1

科学与艺术

科学与艺术关联的四个层次 ▶▶▶ 5

时空中的身体和宇宙 ▶▶▶ 11

构建艺术与科学的坚实基础 ▶▶▶ 47

关于"智能化"与设计的若干哲学思考 ▶▶▶ 51

"图"与"书"——蒙古族传统装饰图案在现代蒙文书籍设计中的应用研究 ▶▶▶ 63

科学与性别

科学与性别：性别研究不可忽视的维度 ▶▶▶ 75

从科学史与男性视角关注性别研究 ▶▶▶ 79

性别视域下如何看"整容"技术的流行 ▶▶▶ 85

杰出的女性科学家 ▶▶▶ 91

中国妇女的环保实践与本土特点 ▶▶▶ 93

性别与自然：生态女性主义漫谈 ▶▶▶ 107

思考博物

梭罗、利奥波德与卡森,他们是什么"家"? ▶▶▶ 145

丛中人与丛中鸟:品读《丛中鸟:观鸟的社会史》 ▶▶▶ 185

官方与民间:科学传播与观鸟 ▶▶▶ 217

人这种动物为什么要看鸟 ▶▶▶ 221

"鸟人"的审美与科学 ▶▶▶ 229

给《中国博物学评论》创刊号的贺词 ▶▶▶ 237

医学文化

医学中的身体之多元性 ▶▶▶ 241

关于中药"毒"性争论的科学传播及其问题 ▶▶▶ 249

屠呦呦获诺贝尔奖也许是对中医发展的一次重大打击 ▶▶▶ 263

对民族医学的理解与医学理论的多元性 ▶▶▶ 269

对话民族医学 ▶▶▶ 275

1918年大流感和今天的新冠肺炎——《大流感:最致命瘟疫的史诗》读后 ▶▶▶ 293

转换视角看科学

刘兵 著

生活·读书·新知 三联书店

Copyright © 2021 by SDX Joint Publishing Company.
All Rights Reserved.
本作品版权由生活·读书·新知三联书店所有。
未经许可,不得翻印。

图书在版编目(CIP)数据

转换视角看科学 / 刘兵著. —北京:生活·读书·新知三联书店,2021.10
ISBN 978 – 7 – 108 – 07267 – 2

Ⅰ.①转… Ⅱ.①刘… Ⅲ.①科学学 Ⅳ.① G301

中国版本图书馆 CIP 数据核字(2021)第 193492 号

责任编辑	徐国强
装帧设计	薛 宇
责任印制	徐 方
出版发行	生活·讀書·新知 三联书店
	(北京市东城区美术馆东街 22 号 100010)
网 址	www.sdxjpc.com
经 销	新华书店
印 刷	三河市天润建兴印务有限公司
版 次	2021 年 10 月北京第 1 版
	2021 年 10 月北京第 1 次印刷
开 本	880 毫米 × 1230 毫米 1/32 印张 9.5
字 数	220 千字
印 数	0,001 – 4,000 册
定 价	69.00 元

(印装查询:01064002715;邮购查询:01084010542)

自 序

无论在科普实践、科普研究还是在一般性的科学文化传播和研究中，视角都是非常重要的。除了人们审视科学和传播科学的传统视角之外，由于科学这一对象的复杂，其实还可以有很多不同的视角。这可以涉及对于对象的观察角度，在某种程度上决定了讨论的主题，也可以涉及研究者自身的理论立场，影响到论述的方式。

在本书中，选取了"艺术与科学""性别与科学""思考博物"和"医学文化"这样四个观察视角，而在研究立场上，则主要倾向于在科学元勘（science studies）意义上的STS（science and technology studies）。以这样的方式，讨论起来还是有些新意的。

这几个领域，以及以这样的立场来进行讨论，在传统的科普或者科学文化的传播中，并非是主流，但并非没有意义，从与受众切身感知和关联来说，反而更具某种亲和性。

至于书中的文字，主要是来自作者已经发表的一些通俗性跨文本属性文章的汇集，其中也有一些是在不同场合和他人谈话的记录整理，亦有极少量发表在学术刊物上的学术论文，但对最后这类，选择的标准是要具有较好的可读性，并考虑到本书的读者,编入这里时略去了原来的参考文献。

当然,最终的评判,还是来自读者。

2020 年 6 月 8 日,于北京清华园荷清苑

科学与艺术

科学与艺术关联的四个层次*

本文刊于 2019 年 11 月 12 日《信睿周报》第 20—21 页。

科学与艺术成为跨越科学与人文领域的热点问题已经有许多年了。我们不时地看到有一些相关的活动、项目和展览在举办，其中一些还有非常高端的人士参与。在基础教育、大学通识教育的改革中，对科学教育和艺术教育来说，科学与艺术之关联和素养也成为被关注的焦点之一。然而，如果仔细观察，就会发现，在这个议题成为热点的同时，其成果在表现形式和质量水准上，还存在诸多的问题和不足。例如，除了少数意识到其重要性的真正热心者之外，许多高端人士的参与，往往只是被临时拉进来，发表一些朴素的感想，或是做些基于其本职工作的联想和发挥，但这些参与、观点和言论，却并未基于扎实的学理性研究。许多相关作品的完成，经常也只是在科学与艺术之间建构了比较表面化的关联，甚至只有相对牵强的对接。这些不足的存在，使得科学与艺术这一领域的发展并不理想。造成这种局面的重要原因之一，则是在此领域中深入、扎实、系统的学理性研究的缺乏。或者说，科学与艺术在国内现在还只是一个被提出的问题，或者被关注的主题，还没有形成一个成熟的研究领域。

探讨科学与艺术的一个前提，是这两者间存在着领域间的差异。其实，审美和求知本是人类自在的天性，与生俱来。本来无所谓科学与艺术的之分，只是随着人们在近代的从事认识和创作活动的细化分工，才出现了科学与艺术的不同领域的划分，甚至于科学和艺术本身也是作为近代概念才出现的。分工使科学和艺术异径而走，分工也分化了人类的心智，分化了审美和求知。于是，至少从表面上来看，似乎是艺术在追求审美之中疏远了规律，科学在追求规律之中遮蔽了审美。如果用更为现代的概念来讲，科学与艺术的分化，也是从20世纪50年代以来被人们讨论更多的"两种文化"（即科学文化与人文文化）之分裂的具体表现之一。而现在人们关注科学与艺术，实际上的潜台词则更多是要弥合这种分化，将两者融通起来。

但这种分化也不是绝对的，虽然大多数普通的科学家和艺术分别只在自己的领地上耕耘，但在科学领域，以及艺术领域，以更高层次的超越性眼光甚至行动来关注和借鉴对方的科学家和艺术家也还是有一些人的。例如，一些顶级的大科学家在达到其超越的层次后，对科学问题的思考往往会自然地与哲学相联系，也带有着艺术和审美的立场。这一点在物理学家当中表现得尤其突出，爱因斯坦、海森伯、狄拉克等这样的科学大师就是其中的典型。例如量子力学的奠基者之一狄拉克曾指出，上帝用美妙的数学创造了世界，描述自然的基本规律的方程必须包含伟大的数学美，而这种数学的美对于科学家来说就像宗教一样。而许多艺术家对科学和技术之发展和发现的关注也同样值得注意。

正是基于这样的现实,在国际上,以科学与艺术为主题的研究也有相当一些成果,尽管这些研究往往分散在各个不同的学科和学科交叉地带,并且不一定冠以科学与艺术的标签,但显然是属于这个主题或者与之密切相关的学术研究。反观国内,由于我们在学术制度上更受限于学科的约束,在制度上并不真正鼓励跨学科的研究,而科学与艺术在我们的分类系统中又不是一个独立的学科,因而在相当程度上影响到对科学与艺术的深入的学理性探讨。

面对现实中的科学与艺术的分化,人们在谈论其间的关系时,往往是在不同的层次上。

其一,两者间非常表面层次上的联系。这也是国内关注科学与艺术的最常见的情形。例如,当看到某些科学家也会演奏乐器,也会创作艺术作品,也有很好的艺术修养;当看到某些艺术家对科学的问题有兴趣,或者听他们说自己有这种兴趣时,便延伸地断定为这就是科学与艺术的结合。又比如,在设定要结合科学与艺术的前提下,让艺术家临时抱佛脚地去听听科学家的讲座,看看科学实验室,然后便似是而非、似懂非懂地按照想象去创作一些表现科学主题的艺术作品。如此等等,虽然说这样的努力也有一定价值,但对于真正沟通科学与艺术,显然不可能起到什么实质性的作用,更多只是助兴式地凑个热闹而已。当然,如果就人的全面发展来说,同时具有良好的科学修养与艺术修养,本来也还是很理想的事情。

其二,在具体的技术性应用层面上的联系。例如,在艺术中的应用科学与技术手段。尤其是近些年来,图像制作、光学技术、计算机技术、网络传输、新材料、新工艺等手段在艺术创作中越来越多地得到利用，给艺术创作带来诸多新鲜的展示形式，这也被认为是在科学与艺术间形成了密切的关联。这比前面所说的表面上的关联更为实际，但也还只是在一种具体技术应用意义上的关联。

其三，在认识方法、观念等方面，科学与艺术之间的相互影响、相互启发、相互渗透的意义上的联系。这是科学与艺术之间更为深入的关联。在科学与艺术分化之后，科学和艺术各自形成了自己的研究和创作方法，也形成了各自独特的观念和理论，在其间，科学家和艺术家对于来自对方领域的方法和观念的借鉴，这些观念和理论在彼此间形成的渗透和启发，对科学和艺术领域的发展都有着重要作影响。在科学史和艺术史中，可以看到众多的案例。

最后，在哲学的本质层次上的联系。无论是科学还是艺术，都是人类认识世界、认识自身的不同方式和不同途径。虽然彼此的表达方式有所不同，但在本体论、自然观、世界观、价值观的意义上，两者又具有着相通的关联。应该说，这才是科学和艺术之间最为深刻的重要联系。

在现实中，当人们在谈论科学与艺术时，往往只是在某个特定的层次上谈论。重要的是能够明确意识到对之的关注是在哪个层面上。就国内的情形看，以往比较多的谈论和活动都集中在第一种表面的层次上，这自然就不是理想的情况了。实际上，在上述的四种不同层次的关联中，后三种都是可以进行学理性的研究的，也只有明确在对所关注的层次的理解上，在学理性研究的基础上，才能让人们真正理解这两种领域间存在的错综复杂而又引人入胜的互通性，而且这些学理性的研究也才会构成科学与艺术这一学科交叉性的特殊的研究领域中的重要知识成果。

正因为国际上对于艺术与科学领域的研究成果非常丰富，所以引进、学习和吸收这些成果对于我们在此领域中探索的发展是十分必要的。出于这样的考虑，2001年，笔者曾主编了一套名为"大美译丛"的丛书，包括了国外在科学与艺术领域中有代表性的五种作品：《艺术与物理学——时空和光的艺术观与物理观》《美与科学革命》《生命的曲线》《心灵的标符——音乐和数学的内在生命》《天体的音乐——音乐、科学与宇宙自然秩序》。从题目中，也可以部分地体会到这样一些研究的特殊切入视角及其中的话题的学理意味。

例如，美国的伦纳德·史莱因（Leonard Shlain）在他那本颇有影响的《艺术与物理学——时空和光的艺术观与物理观》（其实这本书中译本的译名并不特别严格，其原书名的副标题本是parallel visions in space, time and light）中，就基于物理学和艺术的实例，提出了科学与艺术在对世界之认识上的平行性的观点，其讨论的主线就是在对于时间、空间、光这样几个重要核心主题的探索中，物理学家与艺术家是如何殊途同归的。这也正如史莱因所说的，凡是创新篇的艺术创造，凡是开先河的物理研究，都会探究到实在的本质。而且，他明确指出："尽管各种知识科学都能做出预言，但艺术有一种特殊的先见之明，其预见性要超物理学家的公式。科学上存在这样的情况，即科学发现出现之后，人们发觉它对物质世界的描述早已被以往的艺术家以奇妙的方式放入了自己的作品。"正是在这样的观念的引导下，正是在关注物理学与艺术中的"发现"的平行性的框架中，史莱因系统地探讨了这种平行性的若干实例，例如"天真的艺术与非线性空间""原始艺术与非欧空间""野兽画派与光""立体画派与空间""未来派与时间""超现实主义与相对论性畸变"等。其中，关于"立体画派与空间"的问题可以说是最能表现这种平行性的非常典型的实例。

不仅如此，在科学史领域，也有人进行过类似的研究。美国科学史家阿瑟·米勒（Arthur I. Miller）就曾关注到绘画艺术中的立体主义与科学（尤其是物理学）中空间概念之联系这一案例，并在其专著《爱因斯坦·毕加索——空间、时间和动人心魄之美》中，对于物理学家爱因斯坦和艺术家毕加索进行了一种详细的"对比式的传记研究"，或者也可以叫"平行性的传记研究"。在米勒看来，"平行研究不可避免地导致一个同样的问题：艺术和科学在20世纪里是如何平行发展的。走向抽象和新的视觉想象的共同趋势，原来并非是偶然发现的。从爱因斯坦和毕加索的智力奋斗中可以异常清楚地看出，艺术和科学在20世纪应该以一种平行的方式前进。正如格特鲁德·施泰因（Gertrude Stein）所说的那样：'毕加索可能看到的事情，有它自己的实在，这个实在不是我们看到的事物的实在，而是事物存在的实在。'这句话也同样适合于爱因斯坦"。当以这样的方式进行科学与艺术的探索，应该说，就已经差不多进入哲学的层面了。

当然，近年来国内也还是出现了一些严肃的、学理性的关于科学与艺术的研究，高校中相关的学位论文的数量也一直在增长中，尽管也还是分布在不同的学科中。就未来的发展来说，也许只有基于更多的这样的学理性的研究，在这样的基础上，科学与艺术才会成为一个有自我独立性的研究领域，才会避免那种表面化的清谈，才会有一个令人期待的未来。

时空中的身体和宇宙 *

此文系2019年4月7日在北京SKP商场RENDEZ-VOUS（法语，意为约会）书店举行的以"时空中的身体和宇宙——从隋建国作品谈开去"为题的"艺术与科学主题沙龙"中，本书作者与中央美术学院雕塑系主任隋建国教授的对谈。

罗怡（主持人）： 大家下午好，非常感谢大家来参加RENDEZ-VOUS书店"时空中的身体和宇宙"这一科学与艺术的主题谈话"，我是这次活动的策划人罗怡。

今天我们谈话的嘉宾，一位是清华大学科学史系的博士生导师、中国科协-清华大学科技传播与普及研究中心主任刘兵教授。刘兵教授是在中国享有盛誉的科学学人，他同时也是中国科学普及推广活动中的一个关键性人物。

另外一位对谈嘉宾是隋建国教授，隋老师是中央美院雕塑系的前主任，被媒体誉为在当代雕塑上走得最远也最早的一位关键性的艺术家，他的作品在全世界的博物馆、美术馆里都有收藏。

我们这次对谈的机缘来自我策划的北京SKP"艺术橱窗大家项目"，目前正在一楼东门展出隋建国老师两个系列的作品。其中有两件来自隋老师1998年创作的"衣纹研究"系列，这个系列中的另一件就被收藏在大英博物馆。另一系列展出的是隋老师最新作品，因为空间限制，用视频呈现，正如我们眼前看到的这个视频，大家可以看到隋老师近十年创作的核心观念和他位于深圳OCT当代艺术中心个展现场的概览。

我们今天的谈话会从隋老师这批最新的创作聊起。之所以有今天这个对谈，主要是因为隋老师的新作让我感受到了要去探索宇宙空间的冲动。然后我就想，我们如果要把物理科学、天体科学和艺术结合起来，谁最适合来聊这个话题呢？我找到我的老朋友、这个领域的资深出版人、总编辑许苏葵小姐聊，我们不约而同想到刘兵教授。

我的简短介绍就到这里，现在我想先把话筒交给刘兵教授，刚才我们也简单地向刘兵教授介绍了一下隋老师的新作品，让我们听听刘兵教授对这批作品的感受和理解，谢谢！

刘兵：谢谢大家，我得先做一点说明，面对隋老师这样一个雕塑大家，大师级的人物，我在这儿妄言还是有些惶恐的。作为研究的一部分，我也比较关心科学与艺术这个话题，我们这次对谈的主题"时空中的身体和宇宙"，不管是时间、空间还是宇宙，都是一些跟科学关系很密切的概念。十多年前，我曾经主编过一套有关科学与艺术的译丛，其中一本书非常有名，就叫作"艺术与物理学"，副标题叫作"时空和光的艺术观与物理观"。也就是说不管在科学中还是在艺术中，时间、空间，当然还有光，这些要素、这些基本概念都是非常重要的，而且是非常根本性的，所以我觉着在这样一个对谈里，结合隋老师的雕塑来谈一定会非常有意思。

同时，因为毕竟不是专业的，来之前我也稍微到网上学习了一下隋老师以前的经典作品，在这个过程中我发现，以前在"798"等一些地方，隋老师的作品像中山装系列，像包裹石头的铁链等，给我的印象真的很深刻，只是当时对不上出自哪位作者之手。后来再看了一下，我发现隋老师最近这段时间又有新的转向，包括做的"时间的形状"这样一个始终未完成的作品，每天在不断长大，还有一些更有后现代感觉、更抽象的作品。我想隋老师确实是在不断地摸索和探索，不是匠人的方式，而是用自己的作品传达一种思考，有一种新意，体现了自己的感觉。我也看到了一些隋老师谈关于他对时间、空间的理解，以及在作品中的理解，我这儿泛泛而谈太抽象了，是不是也请隋老师结合今天这个主题谈一谈他的作品如何体现对时间、空间、宇宙这些观念的理解。后续我们在隋老师所说的基础上，在交流过程中再有一个碰撞。

我再次申明，在座的很多来宾可能都是搞艺术的，我在艺术上确实是不专业的，所以我如果说了比较外行的话，请大家包涵。

罗怡：隋老师，刘老师已经把问题提出来了，请您接着介绍。

隋建国：我是50年代生人，比刘老师可能大一两岁，我最好的读书年龄正好遇到"文革"，我10岁的时候就想着将来应该当科学家或者工程师，但是没书读我没办法。16岁进入工厂，因为在工厂里想摆脱体力劳动，就开始搞搞宣传，又发现自己可以画画，就开始学中国画。后来考学的时候觉得应该考一个跟工程技术相关的，就选了雕塑，这样一路走过来。

我应该是个理科男，但是搞了艺术。搞了艺术之后，我被教育说，艺术是表达感情的，但是我总觉得好像不是这么简单。转折点在什么地方呢？在我1999年去巴黎的时候。当时我在巴黎高等美院当客座教授，巴黎高等美院有一个特别有名的解剖教授，据说他上课的时候巴黎社会科学院的教授、科学家、医学家全都来听他讲解剖，我就去听了一回。这个教授要讲人的胳膊，他还会讲鸟的翅膀，讲腿的时候讲鱼的尾巴，他完全是在讲整个自然界的生物。之所以那么多人愿意来听他讲课，是因为他根本不是在讲如何抒发感情，如何表达自己的喜怒哀乐，他认为艺术是在探索自然。那时候正好是1999年年底的时候，整个欧洲都在关注人本身。当时在伦敦有一个特别有名的展览叫"辉煌的人体"，我还真去看了。像马克·奎恩（Marc Quinn）将自己的血液放在冰柜里凝固冻成人头形状就在展览上，还有一系列跟解剖、血管系统、运动学相关的作品都在。回巴黎我就发现美院的隔壁就是法国的高等医学科学院，而且中间只有一堵墙，墙上有一个小门，从18世纪开始这个小门从来没关过，就是说这几百年来巴黎高等美院的学生和老师随时可以穿过小门进医学科学院，反之亦然。因为有关于人体艺术展览的印象，我就通过这个门，参观了医学科学院的解剖室、标本室，仔细看了他们所有收藏的东西。那时候我才想到其实徐悲鸿他们这代人、吴作人这代人，他们带回来的欧洲艺术其实漏了一个东西，漏了通过艺术发现世界、研究世界这样一个项目，他们当年带着"艺术是表情达意"的观念去了欧洲，把解剖、透视、色彩带回来了，但他还是想用它表情达意，为社会意识形态提供服务。我觉得这就漏了一半。

当年回来之后正好赶上清华建校90年，在清华美术馆做了一次大展,我应邀参加了。展览由李政道、吴冠中牵头,两个人各写了一句话,挂在美术馆大门两边,李政道说得很清楚,科学就是寻找世界,吴冠中先生的话我就不太同意,他说艺术就是表达感情。当时的研讨会我没参加,如果参加了我一定会提出跟吴冠中先生不同的看法,我认为艺术同样是研究和发现自然和世界的奥秘,当然更多的是人本身、人的情感、人的心理的奥秘,但不是简单地表达喜怒哀乐。从那之后,我坚定了自己的想法,我想我作为艺术家可以像科学家一样去研究一些事。

刘兵:隋先生刚才从他的经历开始讲,虽然隋先生长我一两岁,但是我们还算同龄人,从根源上来说还有某种相似性。那会儿没有什么学习的机会,跟现在还不一样,学艺术可能是平民改变命运的机会。当时我也学过艺术,但我是学音乐的,民族乐器,更确切说是曲艺伴奏。后来到了考大学的时候,我已经考上"二炮文工团"了,面临着做专业演员还是上大学的选择,一念之差,还是上了大学。您说您应该成为一个理工男,结果成为艺术家。本来我应该成为一个艺术工作者,结果学成理工男了。但是幸好我及时有了一个纠正,北大物理系之后研究生阶段,我发现自己还有很多兴趣没有开发出来,就转向交叉学科,去学人文,学科学史。接下来就变成今天这个样子,不伦不类的,哪个都不专业,好在可以有一个更广阔的思考空间。

刚才您讲到巴黎那个经验,其实可以回到科学史的话题。文艺复兴以后,对于人体的解剖、认知等研究也是近代第一次科学革命重要的组成部分,包括今天我们在医学里头沿用的解剖图谱,就是达·芬奇等一些人那个时候开创并且沿袭下来的,科学和艺术确实有过很紧密的结合。到了今天,这种结合在某些地方还在延续，但也涉及刚才讲到西方艺术引入中国的过程中缺少了一点科学的维度这样一个事。

讲到这里，我想先谈谈艺术与科学这个话题，它其实有不同的层次，您刚才说的清华举办的展览，我参加了那个研讨会。会上我把艺术与科学关系的不同层次做了一个区分：第一，利用很多今天科学的方法去表现艺术，比如数字的方法、3D的方法，或者是其他光影的、现代机械化数控等各种各样的现代科技手段来展示，这是一个层次，属于技术性的，包括绘画作品的材质、手段等；第二，更深层的，艺术与科学在观念意识上、理解上的沟通，我觉得跟隋先生刚才所说的接近，上升到这两者结合比较高的哲学的一种理解，实际上背景应该是哲学，换句话说讲，时间空间它既是科学的概念也是艺术的概念，在更深的背景中可能有某种统一性，它应该是一个哲学概念。除这两个层次以外，还有一个比较低的层次，就是比较形式化的，比如说科学家爱因斯坦会拉提琴这种层面的，或者艺术家请科学家去讲解一段基本粒子的实验，艺术家就画了一幅画，画了两头牛，说这就象征着对撞机，再弄两个阴阳鱼之类的，这是图解化的，而且不是真正搞懂科学艺术，更像漫画式的。

我们从"时间"说起吧，隋建国的作品（如中山装、时间的形状、云中花园）涉及对时间、身体的理解，不仅是艺术的问题、科学的问题，还是哲学的问题。咱们已经聊到这儿了，等于现在还在说背景，既然咱们的主题是从隋先生的作品来说，我就替代主持人提问了，这也是我关心的。可能我欣赏的品位更传统一点儿，隋先生后期有很多作品很有探索性，很有意思，但是对于隋先生早期的包括像中山装这个系列的作品，我可能更有感觉一点儿。我就说不管早期、后期，结合了您对于时间和空间、身体和宇宙这样一个考虑的话，您能不能给出一个您的感悟性的解说，从这个出发咱们再延伸对话。

隋建国：刘先生您说您是搞音乐，雕塑主要是空间的因素，对不对？音乐主要是时间的因素，要聊起来还真是有意思。

刘兵：是，换句话说，其实雕塑在某种意义上，在我的想象中，从它的生成，从它的节奏来看，雕塑也是一种时间。

罗怡：刚才刘老师提到了隋老师的作品"时间的形状"，刘老师似乎也特别关注您作品中时间的表达。

刘兵：因为作品的名称直接点出了时间。咱们从这儿说起。时间是非常神秘的东西，充满奥秘。科学家从古代就开始研究时间，到了第一次科学革命的时候，绝对时间是牛顿物理学中非常核心的东西，再往后到了爱因斯坦的相对论，时间变得更复杂了，甚至结合到四维的时空，跟运动，跟物质都相关的，这是从物理学的脉络去说。从科学上讲，时间不过是个符号，比如很多的时间，你取负值就变成一个倒流，倒流在理论里面可行，但是在现实中不可逆，还有哲学家、心理学家研究的时间，研究心理的感受，又不一样。在座的都知道，他做了一个像棒棒糖似的东西，每天在颜料里蘸一下晾干了，第二天再蘸一下，这样他的作品就不断地在长大，经历了多久？

隋建国：快十二年半。

刘兵：直观地讲有时间在里面，每天有一个生成。我的问题是，您怎么在这个作品中表达您理解的时间？我感觉是机械的、线性的时间增长，就是每天积累性的。

隋建国：我之前对时间是没感觉的，50岁之前，时间对我来说就是多到你都不用去想的东西，有的是时间。50岁的时候我突然间发现，时间不够了，不是对这个世界来说时间不够了，对整个世界时间还那样，而是对我来说时间不够了，我想干的事还没开始呢。我之前做"中山装"，再往前我做"地罣"系列，我觉得都不是我自己主动想干的。

地罣系列是1989年的事，刺激我太厉害了，我那年正好研究生毕业，一下就进入那个状态，有一种挣扎、沉重的感觉，一直到1997年香港回归。1996年整个文化界就开始有社会大讨论，我想新的问题来了，我应该从那个老问题解脱出来，而且那时候我也当了系主任了，我觉得我活得挺好，怎么还老觉着受委屈、压抑，我已经没有资格去抱怨了，就进入1997年的状态，就开始想中国这一百年的革命怎么回事儿，我就找到"中山装"这个百年革命的符号。

中国整个这一百年革命，最终是国民党失败跑到台湾，共产党胜利，中国形成了社会主义制度，我就在社会主义制度里面成长起来，可是我怎么老觉着跟社会主义隔着呢，特别是改革开放之后，新的启蒙之后，老是持一种批判的态度。这个关系就很麻烦，我就通过做中山装，做中国制造，做恐龙，一边做一边反省我跟这个社会的关系。比方说"文革"十年我没怎么读书，我是吃了亏还是占了便宜，好多跟我人生分不开的事。您刚才说对中山装您也有感觉，一定是社会经历。

刘兵：我不仅仅是这个感觉，看到那个作品我可以联想起很多东西，甚至于您说在这之后您才有的那些转向。我直说吧，您把批判意识暂时按下来了一些，试图超脱一些，有更高的理念。不过我觉得就以在"798"我看到的中山装为例，它同样让我能够体会到一种时间感，因为首先您讲了百年服装的变化，服装变化不仅仅是纯粹的艺术穿着的外形，它也打上了时间的流逝中的社会观念甚至审美的印记，它本身蕴含着时间。从中山装流行起来，到标准化，到今天在座的人几乎没有穿中山装的，又是一个时间的变化。更有意思的是，在您的中山装系列里头，我看到有最早石雕的，有铁的，还有后来花花绿绿的系列，还有一个，网上看不太清楚，材质好像有点斑驳偏白的。

隋建国：铸铝的。

刘兵：我对后两个，铸铝的还有铁的那个我最有感觉，它已经不是新中山装了，铁锈本身的生成也意味着时间的痕迹。衣服变旧，这里头蕴含了很多，它给你一种时间感。我在您早期作品中感受到的时间可能更微妙一些，后期时间的形状这个东西比较直白，从命名上，从制作的过程上，感觉倒是过于简单化，它更是每日线性的积累长大，而不是像中山装那种内在沉淀。

隋建国：有一个批评家，就是给我"时间的形状"命名的一个在美国的华人教授，他说隋建国是一个有历史意识的艺术家，我其实还做了一个中山装，是铸铁实心的，那个中山装一千年都烂不透，七吨重的中山装。这意味着我的内心一方面对我自己的生活经历，我所经历过的中国社会，我有反省，有批判，一方面我内心放不下。

刘兵：是有时间意识的，包括放不下也是时间的感觉。

隋建国：它还是我的时代。我这种历史意识其实就是时间的问题，在我50岁的时候一下子出来，因为我觉得没时间了。我做"时间的形状"，我的想法是每天确认我又活了一天，我就希望我50岁之后的每天都是美好的一天，像咱们古代的那句话叫"日日是好日"，每天都很重要。

刘兵：你准备一直蘸到什么时候呢？

隋建国：我当时的想法是这个球一边蘸一边认识它，大概蘸了快一年的时候我想明白了，这个球到我的生命结束它就结束，因为我是大概在我50岁生日过后两个多月开始蘸的，我觉得如果我能活80岁，我就能蘸30年，如果我真能活100岁那我还能蘸50年，总之我的生命结束它就算完成了。

刘兵：能不能这么说，这更变成一种行为，因为你每天在蘸，等于说它跟您生命同步。这也可以理解是您个人化认定的时间，但是超越这个来说，即使蘸到你生命结束，就像实心的中山装一样，它还继续存在，换句话说，在继续存在那个意义上它又是另外一种时间，不只是你个人时间的终结，而是一个时间的延续。

隋建国：我斗胆写过一篇论文叫作"艺术与时间"，我写完论文以后我对我这个"时间的形状"下了一个定义,当我这个人没了,这个作品就算结束,这时候作品已经是一个尸体,因为它在我活着的时候每天在生长,等我生命结束作品不再生长了。我写完论文之后又得出一个新的结论,我觉得要是我的生命结束这个作品也应该结束,怎么结束呢?它就应该不再存在。

刘兵:要销毁它吗?

隋建国:我现在就是这么想,我认为这个作品每天蘸一次就是每天完成一次。它不应该是三十年的制作过程。你看油画国画作品,油画画一个月,国画可能就画半天,画的过程其实不算作品的时间,等画完裱好了去展出,作品发表了,这个作品就算存在了。可是这个作品,从我开始蘸它就存在了,每天蘸每天完成一次,因为它的存在就跟一个月时间完成和半天完成的作品不一样,等我生命结束,这个作品就应该消失,但是具体怎么消失我还没想好。如果不消失,它就不是每天完成;它只有消失了,才是每天完成一次。

刘兵:它只是你制作生成的这个过程的一个结束。比如说解剖,解剖的都是尸体,尸体原来是一个活生生的人,对于那个活生生的人来说,当他死去了以后他也是一个终止;终止了以后,这个尸体还继续地被人解剖着,在另一种意义上,它还是在延续着。回到当下,不管你把它火葬了还是粉碎了还是熔化了,都不要紧,在今天信息化的时代,你想把这个作品的痕迹彻底抹掉,我觉得这个事已经非常困难,大概很难做到。它一定会继续存在,表达着当年隋建国曾经做的一个什么"时间的形状"作品,尽管原作已经不复存在了。

隋建国：对。我去年去了伦敦大学斯莱德美术学院，伦敦大学的发起人200多年前就已经死了，但是这个人的尸体一直保存在大学的大厅里一个木头柜子里面，他们大学董事会每次开会要把这个木乃伊推到会场，木乃伊没有表达能力也没有投票能力，但是它一定会在会场坐在这儿。他们校长给我介绍木乃伊的时候，我脑袋轰的一声，就想到我的"时间的形状"，如果我的生命结束，它只能是个木乃伊，它已经没有表达能力，也没有表决权，如果像这个大学当年的发起人，它就是一个象征呢？

刘兵：如果一定要抬杠说，他死了，就没有举手表决的能力，但是木乃伊代表了主人公生前存在的文化、传统，他是作为这样一个象征才会被推到这儿来开会，他在会场上的存在对于后来的与会者其实是有影响的，有这个影响就意味着它并不是纯粹的、无关紧要的只是象征性的东西。比如会场上要是有一个老前辈，很威严的，代表特别正统的观念的，那会场上来一个撒泼的就很不协调。它是一种威慑，这个东西有交互的作用，木乃伊并非纯粹的、真正的终结。

罗怡：谈到终结点，刚才两位老师在讲到人的痕迹是否百年以后会消失的问题，我想隋建国先生的痕迹很难消失。隋老师创造新系列作品的时候曾经说过一句话："脱下中山装，我找到了身体。"他的身体，通过各种运动留下的痕迹在他新的一系列作品里无处不在。

隋建国：看到木乃伊我当时头一炸，我想到咱们现在最时髦的话题，尤瓦尔·赫拉利（Yuval Harari）说的《未来简史》里那个奇点，奇点快到了。为什么我脑子会炸，如果到了奇点，人工智能到了一定的程度，如果数字技术继续发展，我们可以把我们每个人的意识、思想下载到电脑里面。如果到了我生命结束时，有人把我的意识下载到我的电脑里面，它就可以代表我回答网上的提问，甚至代表我跟所有人联络，我这个人还存在，可是这时候，如果我的肉体还是木乃伊，那你说哪个是我？电脑里面那个"我"是我，还是木乃伊是我，我当时脑子一炸就炸的这个东西。

刘兵：恰恰讲到这儿，不管是身体是时间还是什么，都已经不再是一个真正的传统艺术意义上的时间，身体变成哲学，转化成什么问题呢？"我是什么？"现在这个说得很烂，动不动就说你是谁、你从哪儿来、你到哪儿去，其实说"我是谁"这件事并不那么简单，而且这件事靠科学给不了答案，也许艺术家，比如您这样的，我觉得是不是能以艺术的特殊语言和意象给出"我是谁"的答案？我觉得如果不看表面现象，"时间的形状"，每日蘸一次，它本身在背后隐藏着"我"的存在，因为只有"我"在才可以去蘸，而当"我"不在了，蘸的东西就会终止。但是这个"我"并不一定特指一个肉体的我，它还可以是木乃伊。极端地说，未来科技更发达了，给你弄一个木乃伊，弄一个机械轴，让你成为木乃伊以后，每天还可以再蘸一次，蘸几百年也可以，那个木乃伊跟你还是不一样的。这就回到哲学上自我意识的问题，而这个意识又不等同于人工智能里面说的上传，将来可上传的东西有很多，但是这个一直存在争议，人工智能上传那个东西是否真的跟我们的意识是统一的，这事很难说。智能究竟是什么，这实际上也是哲学问题，今天在科学上，人工智能只不过都是对人有模拟而已，是不是真的等同于人呢，我更倾向于很难真正等同，所以这是非常玄奥的哲学问题。

扯远了，还是回到身体上来，身体在后现代文化理论的研究里头是非常热门的话题，以往的人们关注的身体比较简单，包括从笛卡尔的身心二元论开始，身体更多指的是跟灵魂相对立的肉身的概念，可能艺术家在解剖意义上关心这个东西。但是这两者按照今天的观念真的很难彻底地分割，但是不分割的话，所谓身心相互作用，究竟是怎么作用的？到今天为止，科学并没有给出按照现在科学规则可操作的因果性的机制，是不了解的。哲学家在探讨，艺术家也在探讨。其他的文化研究也在关注外在的身体，包括您今天戴的眼镜，在广义的赛博格（Cyborg）意义上来说，也是身体附加的。比如欧洲的解剖传统，那是西方医学对于身体的认识，超越这个，中医讲五脏六腑的时候也是对人身体的一种理解，关于身体的理解各方面有很多，在您的观念里，您想表达的更近似于哪一种身体？

隋建国： 我之所以谈时间紧迫，时间不多，就是因为我关注的是肉体临时性，它最终会腐朽，会腐烂，肉体的存在是有限度的，就算你活100岁，这个肉体最终还是会坏掉。肉体临时性是我干雕塑这个职业的宿命。雕塑的理念就在于把一切事物作为纪念碑给它保存下来，我如果给你做个像，这个像永远不会坏，我打个石雕或者铸上铜，它永远是作为你本人的纪念碑存在，将来你的肉体可能会坏掉，但是这个形象永远不毁坏，这是雕塑最重要的功能，人之所以要雕塑，就是因为它能把一个随时可能消失掉，可能腐烂掉的事物变成纪念碑。像天安门广场的人民英雄纪念碑它就放在那儿，就把这100年整个中华民族奋斗历史都放在那，再也不坏，永远在你面前竖立着，这是雕塑最大的功能。

但是作为一个雕塑家的我，我的肉体很快就会消失的。100岁在人生来讲很长，你要想想宇宙的时间，想想宇宙的140亿年，100岁什么都不是，就是一眨眼的工夫，这个问题越来越强烈地在我的意识当中出现，这就是我为什么会做"时间的形状"，为什么去捏泥，还要把这些泥扫描之后变成数字文件存在云里面。而且我也在想，如果将来有一天我的意识被下载到电脑里面，放到云里面，好像我也还存在，那时候我怎么办，我认可不认可这个东西？

刘兵：您的困惑就是个悖论，一方面您想存在延续，实际上外在的雕塑家的身份，您的工作就是塑造有形的物体，您这个观念，您具体肉身延续与否，其实就物质来说，死了以后无非就是分子、原子变成其他东西满天飞，又还原变成别的东西，这个事是另一个事，其实还是存在的。即使您说那些暂时不会腐朽的，包括从更大尺度来说，按照春节看的《流浪地球》那个科幻片，他只不过把科学认可的太阳系的末日给提前了而已，再过几十亿年，按照那种说法，当太阳作为红巨星爆发了，把这个地球吞没了，这些东西也就无所谓存在了，连纪念碑都不是分子了，都变成原子核了。时间倒流去逆推，按照物理学的说法，宇宙至少按今天比较普遍接受的逻辑来说，有大爆炸的起源，在起源的意义上来说，奇点的爆发才形成了今天的世界，在这个爆发之前，你问时间都没有意义，从爆发那一刻以后才存在时间这个概念，才出现了今天的空间。所以这些事，我们是不是要想开点儿，也没有那样一种附着于有形的东西的真正的永恒。

隋建国：对，从奇点这个事来说，宇宙是个偶然。

刘兵：可以这么说，从哲学角度来说，我更愿意接受这个说法。不仅宇宙是偶然，世界上有人类更是一个偶然，有了人又有了艺术是一个偶然，有了艺术又有了隋建国这位雕塑家更加偶然了。所以，因为有了您这个偶然，我们今天坐在这里谈您的作品很难得。

罗怡：今天的机缘也是一种偶然，也是一种必然。隋老师，我记得上次我们谈到，您的新创作实际上在寻找一个一个的偶然。正好刘老师刚才谈到了自我意识的问题，我的理解是，从"盲人摸象"系列开始，也就是隋建国先生把自己的眼睛蒙上开始实验涅泥，到新作品时期把手纹印3D扫描、放大打印再做成雕塑，整个过程都是下意识地把自己的意识、经验在自己的创作里面去掉的过程，最后作品出来的视觉奇观也能代表一个无意识的个体意识的放大。我觉得很有意思，请您和观众也聊聊这一点。

隋建国：我的出生是偶然的，所以我的肉体长到现在也是偶然的，我觉得这个偶然性其实是最重要的东西，所以我在艺术当中就开始寻找偶然性。我怎么能找到偶然性，怎么能找到一种意外，我之前没有想到的，之前也没有教科书说过，甚至也没有老师谈过，偶然出现了，我就想办法去抓住他。

刘兵：这个就成为您艺术性的新意。

隋建国：作为我的艺术科研，你看我在深圳OCT展览中心的核心作品，是一组叫作"云中花园"的作品，为什么叫"云中花园"？其实就是我捏的泥，捏的石膏，我用高清3D扫描把它扫描下来变成3D文件，然后存在电脑里，然后我再找到3D打印工厂，把这个文件发给他，他给我用3D打印把它打印出来。我就希望在展场里面给大家呈现一个场景，我设想这个场景如果有一天我们人类的意识能下载到电脑里面，有人把你的意识用电脑发到云里面储存，你在云里面会看到这个东西，这不就是老隋做的"云中花园"嘛。我相信3D打印，包括3D打印的文件，它就放在云里面，如果你能进去就能看到它的状态。我很难想象，它是以0和1作为数字排列、作为信息呢，还是它里面就有一个空间状态。

刘兵：这个事我觉得延伸到这几个话题，其实是内在相关的。你讲偶然性是艺术上的独一无二，不可预测你的感觉。但是比如说，我看您的文章也谈到重力、手感、手印，这个东西印制在作品里头，再放大，实际上这些东西当你变成数字信号的时候它就是一个信息而已。关于这个信息，我们就换句话说，有两种可能，一种是将来有人去看，一种是没有人去看。当没有人看的时候，这个信息无所谓有没有意义，它只是一个东西在那而已，甚至于就像量子力学曾经争论的，当月亮没有人看的时候它是否存在，这个事情在物理学哲学上的探讨是有意义的，不是那么荒谬的，这是从人的认知这个角度来说。在这个前提下，如果有人去看，去注意这件事呢？就联系到观看者本身对这个的理解，观看者实际上又是依据他过去存在的经验，在想象中复原了你身体印记空间的感觉，可以这么说吧。

隋建国：您这个说得很清楚。

刘兵：所以在这个意义上来说，上传到云端或者什么，只不过是技术性的保存手段，而这个保存手段只是一个手段而已，它不是艺术本身，而真正有意义的是这个作品将来还有观看者，这个观看者如果还具有跟您相近的空间体验，他能够在未来观看的过程中去感受、去体验你肉体曾经存在的空间，在这个意义上来，你这个肉体其实没有彻底毁灭，想毁灭也很难，这倒是真正跟科学发展有关，科学发展到这一步，你想做某些事可能很难做到了，比如说彻底毁灭您所有作品的信息痕迹。

隋建国：可以毁灭我的肉体，但我肉体这一生中留下的痕迹，你很难彻底毁灭。

刘兵：痕迹是毁灭不掉的，那你直观的只是毁灭一个肉体又有什么意义，所有人都是要死的，这件事是不可抗拒的规律，你即使保存着木乃伊，那个木乃伊跟一吨重的中山服比起来哪个先毁灭？肯定还是木乃伊先毁灭。

隋建国：对，我这个"云中花园"是把它提前放到咱们真正的生活物理空间里，我就设想你进到云里面会看到的景象，也是我为什么把它做到这么大的尺寸，给它表面施以银色闪光的效果。我设想过，觉得这好像是我的科学实验，人的意识真正能进到云里面去，肯定是赫拉利所说的多少年之后的事。

刘兵：一部分信息可能是能进去的，但是进去的信息是否等同于意识这件事，我抱有怀疑。还有一个问题我想请教您。你刚才谈到银色，你有意无意创造了这么多有空间形态的作品，并且尝试把作品以各种方式保存下来，虽然对"时间的形状"这些东西你有意识地想把它毁掉，包括你别的作品，但是你售出的作品你想毁也毁不了了，不属于你了。这些东西，或者你以信息的方式存在云端。你做的时候是否想过，未来别的观看者在感受你表达空间的这种感觉的时候，会跟你这个感觉有什么不同？或者你怎么设想他们的看待方式？

隋建国：未来人怎么看，我真是没法去想。我现在回想"文革"前，现在跟学生讲我们年轻的时代，就像我父亲当时跟我讲20世纪50年代的事，我觉得那和我根本没关系，现在跟年轻人讲我20来岁的事，很多人他不愿意想这些事，对我来讲是亲身经历，是千真万确的事，但对另一代人来讲完全不一样，所以我相信未来的人，当然不一定能看到我这个作品，如果能看到，我真不知道他们会不会觉得"那时候的人怎么这么幼稚"。

刘兵：倒也不一定幼稚，可不可以这么说，我们今天听到播放过去特别流行的某首歌曲的时候，内心会唤起一种感觉，这个感觉我相信再过20年，即使同样的旋律，让另外一个人去听，他因为没有在当时的环境下播放去倾听，所以唤起的感觉肯定是不一样的。

隋建国：对。

刘兵：那个感觉，跟你在一个特定的时候做一个作品的感觉是类似的，是离不开肉体的，跟你以肉体为承载或者相关联的意识的独特性是有关的。换句话说，就是以后你想唤起别人跟你一样的感觉是不可能的，那么问题来了：如果不可能，你还要表达什么？你还怎么跟他们交流，或者你想让他们去感受什么呢？

隋建国：我设想未来，比方过100年，因为未来的进化速度会越来越快，我原来想，要是我们按照现代人类的进化速度，我设想1000年后的人，现在设想1000年后的人应该是100年后的。那么100年后的人，我觉得他要看这个标题，我想他应该就像我们今天看一棵树、看一座山一样，为什么？我们周围，比方香山，北边有长城金山岭，它一直就在那儿，我们没有人去问金山岭为什么在这儿，你问这个问题特别傻，它就是在那儿，你为什么问？100年后的人也可能这样想，这个东西一直在这儿，他们看到数字文件，他们觉得这就是一直在这儿的东西，他不觉得稀奇，都是现成的。就像我在中央美院读书，老师教给我的东西我觉得都是现成的，只有我未知的东西才是新的。

刘兵：它就在那的时候，这纯粹是哲学上的概念，是从这儿派生出来艺术和哲学的命题。同样金山岭在那儿，shopping malls里的厕所一直就在那儿，这么多存在的东西，什么是艺术？再比如中央美院总是培养艺术家，我们不是培养修建厕所的工程师，我们做的东西跟修建厕所的人做的东西都在这儿，怎么区分什么是艺术，什么不是艺术呢？

罗怡：刘老师您这个问题提得特别有意思，我想起您之前写过一篇关于毕加索和爱因斯坦的文章，我大致记得，您说审美大约可能形成人类认识世界的一个范式，我觉得这个很有意思，和我们今天的讨论也联系紧密，想请您往这个方向谈一谈。

刘兵：那篇文章主要的观念也是受到我说的《艺术与物理学》那本书的启发，科学家从古代到今天他们探讨的很多问题，其实用西方的框架来说就是时间、空间、光线，艺术家也是在这个框架内做事，所以今天隋老师有这样一个主题。但是这两种情况下，他们探索的方式、表现的方法不一样，但是这两者之间有某种"平行性"，不一定重合，原则上是平行的。

但是在这里头进行历史的观察，会发现一个有意思的现象，有时候对于某一些问题，艺术家表达的那样一个观念，对时间、空间，跟科学家对于时间、空间所获得的那种认识有某种相似性，有时候科学超前于艺术，有时候艺术也会超前于科学。

当然有些解释可能稍微牵强一些，比如那本书里提到过的雕塑，经典的雕塑家像阿尔贝托·贾科梅蒂（Alberto Giacometti），他后期的解释，说是跟相对论里头高速运动时观看物体的感受有某种相似性，当然未必是真按照相对论的思路去表达，但是他对空间的认识和表达，又回到刚才咱们说的，在未来是不可预知的。当然他们做作品的时候想不到谁会去看，但是未来的观看者反而会对他们给出也许作者没想到的一种解释，这种解释有先有后，我说的文章是讲的这样一种平行性。

刚才这几个话题都搅到一块了，我特别好奇的就是：隋老师设想将来的观看者怎么区分，怎么感受，会有怎样的可能，以及他们那个感受跟您的判断会不会一致。比如他们在未来也许看到厕所留下的遗迹，说这个很像艺术，可能看到某个雕塑觉得这不是艺术，那就涉及今天艺术家要做什么的规划。

隋建国：其实我觉得艺术跟科学可以互相激发，当然如果要是看整个艺术的发展，刚才您提到毕加索，我觉得他们其实是特别积极地参与了当时科学在整个社会当中发生的作用，他参与了其中的普及过程。比方我老觉得，毕加索的立体主义其实就是一种毕加索本人对相对论的想象，他想象我应该坐在这儿看一个人的正面或者看一个人的侧面。

刘兵：立体主义。

隋建国：对，他就觉得我应该像摸到这个人的脑袋一样，把这个人脑袋的所有面在画面上展示出来。像贾科梅蒂他特殊的视觉，就跟哲学里面现象学的关系特别密切，他永远要表达一个具体时间和空间里面我所看到的东西，他不表现为抽象的，就是理解中的对象，我视觉当中所看到的偶然的现象。更典型的像杜尚，最早欧几里得的几何是抽象意义上的几何学，直线永远就是直线，圆就是纯圆，但是当非几何出现的时候，就可以把几何学落实到具体空间里，比如这个沙发，它没有一个平面，这个角也不是纯的直角，用欧几里得的几何无法计算。他用一米长的两根线落在地上，我觉得他是在想象几何在艺术里面是什么样的。

刘兵：这个解读可能还不一样，因为我看到另外一个解读，就是说一米那种解读，它是在落下的过程中随着时间形成了一个面，这个面可能在形成的过程倒有点儿像您的时间，这是另外一种解读，就是把时间给搁进去了。至于非欧几何的解释是另一回事儿，基本来说，我们今天生存的空间基本是欧几里得空间，空间中存在物体的形状是另一回事，这个不展开了。连带着又有一个问题,您举的这个例子,不管是毕加索也好,杜尚也好,包括您刚才谈的科学和艺术,科学基本上是西方科学,包括非欧几何、几何空间,实际上今天按照某种研究,比较前沿的文化、科学也可以是复数的,也可以有不同的类型。换句话说,讲身体,西方科学从达·芬奇那开始,从身体的解剖以后是一种对身体的认识,但是比如中国或者其他地方,中医也有一种对身体的认识,那是另外一种,有人称之为地方性科学。按照那样一种理解,我们在广义上讲科学与艺术,理论上也可能有结合,也许关注的人少,把非西方科学的科学和艺术结合,好像这样的作品不多见,如果这样的话会不会又有更有意思的东西出现呢?

隋建国: 其实在80年代,我们这拨人进入艺术的时候有一个特别重要的支撑点儿,这个支撑点就是农耕文化,当时我读了一本书叫作《现代物理学与东方神秘主义》,您肯定知道这本书。

刘兵: 这是《物理学之道》的简译本,后来这本书出了全译本。

隋建国: 全译本到现在我也没看,我只看过那个简写版。这本书给好多我这个年龄段的年轻人建立了一个信心,就是对东方文化的信心,就是说老庄的先秦文明有可能成为一个未来。本来在80年代的时候,当我们真正面对西方现代文化、现代艺术冲击的时候,几乎没有立足点,因为那时候对社会主义的意识形态是一种反省的态度。再往前推就是两千年的文明史,我们退到先秦,这个地方是个点,而且西方人搞科学的都这么看,于是我们把立足点放在这儿,到现在我认为其实在我们做艺术的时候用到老庄，用到禅，只有这个东西能跟西方的观念艺术PK，因为西方的古典艺术、现代艺术比较好，观念艺术一下化为无形，这时候我们只有用老庄来对抗。

刘兵：可能我说得比你这个还极端，它的几个结合点，西方古典学、当代古典学和东方的哲学文化，我说的不只是东方的哲学文化，东方跟哲学文化连带的也有另外一种属于地方性知识的东西——东方的科学。

隋建国：不光是经验科学。

刘兵：换句话说，咱们谈身体，中医对身体有中医的理解，在中医那个系统里，今天中医研究院已经改名叫中医科学院了。为什么这么改，这里头有更复杂的原因，但是至少咱们姑且表面上认为，它至少可能是另一种科学，而东方的科学和艺术不只是东方的文化和西方的科学，而是东方的科学和艺术的一种结合会有什么，可能我这个更极端一点，因为您的前提刚才一直放在西方科学上。

罗怡：也有一些艺术家用这个作为资源来创作的。

隋建国：其实我的"云中花园"，我虽然一直都没说，但是我觉得它本质上建立在东方文化的基础上，或者说中国文化的基础上。你看我捏泥捏石膏，如果在整个学院系统，从西方来说的系统，泥和石膏永远是一个媒介，我用泥来塑造一个人的形象，我用石膏来完成一个人的形象，但是只有在东方这个地方，这个泥本身会成为一个形象，我做的是泥的形象，因为我觉得泥本身是没有形象的，要不然没有水的时候它是土坷垃，我们买来做雕塑的泥它是装在袋子里跟面粉一样的，你想想下雨把地上的泥变成泥泞状态，那个泥，总体来讲泥是没有形状的。作为雕塑家我的身体是偶然的肉体，是自然的产物，跟泥土一旦接触，这个泥就被我赋予了形象，我接触了它，它形成了它的形状，这块泥就被命名了，它叫"盲人肖像"，或者它叫"云中花园"。

刘兵： 咱们设想，按照你刚才的描述，并不是一个抽象的泥的形象，而是你跟泥在相互作用中形成的泥的形象。假如说我就是在你之后100年的一个解读者、一个观看者，我可不可以这么来解读，你设想这种解读在逻辑上和可能性上能不能成立？

比如我刚才举的东方的例子，又回到中医，中医有望、闻、问、切的四种诊法，其中一种诊法是切脉，切脉这个事是非常微妙的，它是触觉的东西。曾经在我们的学科里，科学史里有人做过比较的研究，研究就是把古希腊的医学和中医做一个对比，当然他同样是以脉搏为例，发现古希腊观察的脉搏只是脉搏的频率和力量，中医诊脉的时候，从脉搏里获得的信息更多了，比如会用其他的语言，甚至对语言的理解也是不同的背景，用更多丰富的语言去近似地描述，比如说这个脉有滑，有涩，有沉，有浮，这些东西是不可以用单纯的数字化的频率来量化的。也就是说，在中医接触获得人体信息的时候，人的触觉本身就有了承载更多、更丰富的信息的可能，而且获得另外一种感觉，这跟诊脉者过去的训练和体验有关。我要从这个角度去解读，我说把你的手放在泥上，以不同的力度去推拿，去拿捏，本质上泥的形状可能就固化了某种具身的触觉的感觉，能这么来描述吗？

隋建国：可能也只有这样描述。

刘兵：那我就把你拉回到中国科学和艺术的结合，您就别说西方科学的那套。

隋建国：咱们要交替地说，而且我觉得我只有用3D扫描放大之后，这种接触的所有细节，像您刚才说的中医的脉的形容，滑、涩、沉、浮那些细节一下子就放大了，就被人看到了。在这个意义上3D技术是我的救星。

刘兵：延伸的设想，还有一个问题，你记录下来毕竟是形状，最后还是固化了，但实际上触摸，包括有时间性的过程，能不能有其他的记录或者是表现的手段，让一个雕塑不只是固化的，而是可以随着时间变化而重现你的触摸感觉过程的，有没有这种可能性呢？一般来说雕塑总是成形的、固定的，能不能有一个雕塑扩展到动态，你捏的过程最后能看到。你的作品曾经有一个说明，说是请触摸，我在网上看见的，那个"请触摸"让你摸到的还是固定的形状，你让人家摸一个变化的，会有怎样的可能？

隋建国：在SKP下边橱窗里面，我展示了两个视频，叫作"刹那"，什么意思呢？这个视频的时长是93秒，这个视频我当时用高速摄像机拍的，高速摄像机每秒钟2500帧，咱们一般视频播放每秒钟25帧，已经把这个行动连起来了。

刘兵：那是在胶片时代的最低限，今天数字化以后不受胶片成本的限制，帧数多多了。

隋建国：它是把一秒钟放大无数倍，我把那个视频称为"刹那"，就是把一秒钟放慢到93秒，这时候接触的过程就被录像记录下来，然后展现出来。

刘兵：有点儿那个意思。

隋建国：它只有用这个办法来表达。

刘兵：这个还是视觉性的，我是说能不能变成触觉的，雕塑可以有视觉的方式去感受，当你说请触摸的时候已经让受众用触觉的方式去感受，是不是还有味觉，把它包上一层糖衣，或者类似什么的？我看你后面这个系列，着重讲的是你的触觉。

隋建国：对，我这个作品是通过3D数字技术把触觉视觉化。

刘兵：触觉表达的过程不好记录。

隋建国：对，特别是手掌的尺度，手掌的尺度是人眼睛观看的极限，在手掌尺度之内的细节眼睛是很难观察到的，我在工作室里我把哪块泥扫描，哪块泥放大，我都是拿100倍的放大镜来挑选的。我用肉眼挑选不了的，我只能用放大镜来看出这块泥跟其他泥有什么不同，我得用放大镜才能看出，这是说人的肉眼视觉如果不借助您说的戴具，不借助体外器官，触觉的精妙之处是看不到的。

刘兵：这个可能要依靠今天科学发展的技术，比如通过可穿戴的交互感受模拟来感受你感受的那个过程，将你和那个人同步连起来，也许是有可能的。

隋建国：未来一定是有可能的。

刘兵：我再问一个可能很傻的问题，您说的偶然性的这种作品跟另外一些艺术，比如跟赵无极的绘画，有没有什么是相似的，还是不一样的，这是一个出于好奇心的外行的问题。

隋建国：我觉得赵无极或者张大千的泼墨，跟中国的书法，是有相似之处，但他是逆着，正好相反的。中国的书法是有法度的，你得先通过临摹来学习法度，磨炼很长时间把这个法度内化到自己身体之后，什么时候能写出最好的书法？喝点儿酒，有点儿醉，突然间不去控制自己写字了，像张旭，像《兰亭序》据说是半醉状态写出来的。

刘兵：喝醉的人，好像是放开了，但是过去那个训练是存在的，没这个训练还是不行。

隋建国：那就是潦草地写字，跟儿童一样，因为没训练。

刘兵：就您这个咱们继续追问，您过去做雕塑训练，在"盲人肖像"这上头是怎么呈现出来的，比如这跟幼儿园的小孩捏一个橡皮泥最本质的区别是什么？

隋建国： 最本质的区别是我对雕塑的理解，它在于，一个儿童捏的泥是无意识的，他捏泥只是捏泥，我捏泥的时候背后有整个雕塑史，我觉得雕塑史到了今天有一个人可以这样做了。人类捏泥的历史肯定从有了陶器就开始了，中国的红山文化已经有了人体的形象，这个系统慢慢地发展，因为大家发现泥好用，这个系统就越来越精密，到罗丹达到一个高峰。然后咱们中国把这套系统搬到中国，这六十多年也出了不少泥塑大师，它越来越精密，越来越精准，我想做什么就做什么，做成什么样就可以达到什么样。这时候我发现这个泥不过就是拿手来捏的，因为泥是软的，手遇到软的东西就要捏，于是我还原到最简单的地方，软的泥手去捏，它之所以成立是因为这个泥塑，人捏泥，已经有两三千年甚至几万年的历史了。

刘兵： 这个就跟刚才说的草书的时候，过去的训练依然存在着，但它不是简单地再现，比如你捏的时候，过去雕塑史的东西也积累在那儿。按照过去，哪怕是匠人雕塑，评价有很多标准，比如说像不像。因为到这个时候在形似上像的现实主义的东西已经不是首位的了，这个时候让观众去感觉，去体验，他们会怎么区别你背后承载雕塑史的东西和没有承载雕塑史的东西，因为绝大部分观众可能未必都是直接受过雕塑训练的人，或者说你这个作品只能让少数受过雕塑训练的人去感觉，还是可以超越这个范围的？

隋建国： 对受过雕塑训练的人来说，整个几千年的雕塑，甚至上万年的捏泥历史，按海德格尔的说法就是"在手"，在我出生之前它已经是存在的，对我来说是现成的，当我发现新的捏法,它就是"上手"的东西,在手和上手,这是专业的理解。对于一般老百姓的理解,他就觉得捏泥居然可以这么好玩,居然有这么多不可想象的。

刘兵:这是差别。

隋建国:获得了享受,获得了快乐。

刘兵:这可能是很多类似的现代艺术在让大众欣赏时,一直有争议的问题。

隋建国:对,这是观念意识把整个艺术史重新认识,重新还原,我觉得这是一个几十年的过程,从 70 年代以来吧。

刘兵:回到这次的主题之一身体,从不同意义上说,比如一个是说刚才讲的具身性的问题,你自己的感受,你把自己的具身性的感受留在雕塑里了,这是一种身体,还有一种可以理解为,你在作品中对于一个身体,不一定是你自己的身体,可能体现你对于他人身体认知的表达,这又是一种身体,这是不一样的,可能有这么一些区分了。在这个作品里不是观众的,而是你自己的身体。

隋建国:我的身体就是跟泥接触的过程,但是因为通过整个 3D 数字的系统,它被展示出来,成为视觉奇观,一般的观众看这个奇观就可以了,我就觉得它跟书法是相逆的,书法是严格训练之后偶然放松就出了神品,我这个捏泥是先放松,但是整个

3D 数字技术这个系统，就是扫描，在电脑里把它变成文件，再用特别科学的、严密的技术把它打印出来，我觉得这个系统有点儿像书法里面你理解法度的过程，我只有理解了 3D 技术系统，我才能把我捏的泥变成这样一种奇观。好像一个书法家经过 50 年的训练，终于把写字变成了艺术，变成了书法，正好相反。

刘兵：这个讲到身体了，最后宇宙呢？

隋建国：我现在开始理解这样理解宇宙。做了"云中花园"之后，我开始设想，这个宇宙不知道谁是比人类更强大的一种存在，按西方的说法叫上帝，按中国的说法叫天。我们这个宇宙可能是超人，他的储存器，有点儿像这个力量的云储存器，这个力量做了好多东西，把它储存在我们的宇宙里。包括像我的文件放在里面，就是一个大的云和小的云的问题。

刘兵：这里面略微好像有点儿逻辑矛盾。一种是一个储存器，那儿有一个仓库我去往回拿东西。一种是那儿有一个仓库，我往里面放东西。艺术家如果作为创作应该是往里面放东西，但是在理解中好像是有一个造物主，是他光造了仓库空间可以让你放东西，还是连空间的万世万物都造好了，让你只是拿出来看看呢？

隋建国：我们现在所有的东西都是信息而已，信息一旦被"打印"出来，就变成了山，变成了树，变成了房子，如果不打印就是信息。所有的自然也好，我们人工造物也好，都是基本粒子不同复合形成的不同的结构。像钻石其实就是碳原子，我们的肉体其实也是碳原子，这些东西都是，但是有的就变成了钻石，有的是我们的肉，有的是皮肤，当它用不同方式打印出来的时候，它就变成了不同东西。

刘兵：您对于科学的解释一点儿没问题，但是有一个事，这里有一个艺术家，不是这个桌子，不是这个山，不是这个云，艺术家也是这些原子构成的，但他比那些构成桌子的原子集合多了另外一个东西，而且有了这个东西你才有去创造的可能性，你非说是打印出来的，我就觉得有点儿矛盾。

罗怡：刘老师，我提供一个我对隋老师这批作品的理解，给您和今天到场的观众。一般塑形的逻辑是，我塑一个手，那么我关注的是手这个物质实体，隋老师的这批作品关注的是什么呢？是围绕着手的"空"，或者手运动中创造的能量，所以击打的印记被放大了，他塑造的是身体的一个负空间。再举个例子，就好像我跟您之间，由我的形状和您的形状中间形成一个形状，这个形状大家一般不会去关注的，因为是"空"，是看不见的。关注这个别人都看不见的东西，而且放大它，恰恰是隋老师这批作品的一个特征。这在我看来就是一个和他自己身体的对话，也是和宇宙空间的对话、和看不见东西的对话、和偶然的必然对话，我不知道我理解得准不准确。

隋建国：我同时关心这个空间。

刘兵：您这个说法很有意思，但是这时候如果按照隋老师刚才讲的观念，谁是打印者？讲宇宙的时候说是有先在的东西，而你刚才说的是隋老师他自己是打印者,在他打印之前,这个东西先在的造物主,或者按照科学的说法,那些规则规律,是否存在?

罗怡: 我这么理解一下,当他去接触这个泥,或者当他在选择打印之前,他选择了一个无意识的过程,通过有意识地去意识,他让天选择了,让偶然性在这里存在和发生了,然后他下意识去选择了某一些偶然性。

刘兵: 接着说,还是增加了一些新的东西,原来没有。

罗怡: 是。

刘兵: 也就是艺术家的功能恰恰在于补充了这些新的东西。

罗怡: 我有这种理解,隋老师您呢?

隋建国: 我其实跟山和树一样,是无所不在的造物的力量造出来的。

刘兵: 你这个说法又回到了西方,甚至不光是西方科学,还有西方文化,为什么呢?西方的宗教创世你可以理解为现在的打印者,或者你不用那套,你用科学,从大爆炸那儿开始。如果按照中国的说法,刚才隋老师用了一个天,按照中国的天人合一的说法,天相当于自然,它不是外在于你这个打印者的独立的东西,而是跟你有交互的,是一体的,你是在交互的、一体的东西的一个组成部分，这样你的打印过程既是你的又不完全是你的，可能你打的时候天不让你打，或者天让你打的时候你不打还不行，可能有这么一个更复杂的过程，从这个解释能不能说一下。在西方科学中，我简单地补充一下，为什么要追问，为什么要有偶然性，你凭什么，这个机理按照那样的逻辑因果找不出来。

隋建国：这个偶然性是怎么变成必然性，怎么就偶然去做了这个东西，这个偶然性背后是不是可以用《易经》算一下？

刘兵：隋老师，刚才这个问题您没回答，您不能逃避。我接着追问，刚才说未来人们怎么区分，比如过100年以后怎么区分艺术和非艺术，人们总不能说这个作品是中国美院员工生产的就是艺术？

隋建国：我觉得艺术是不断向生活渗透的，当艺术家作为文化的尖兵、侦察兵，他们把最新鲜的东西创造出来之后，艺术就不断向生活渗透，特别是当整个国际社会越来越民主化的过程当中，比如我们现在厕所的门把手放在200年前绝对是艺术品，这是当年包豪斯推出来的，但是今天它就是厕所的一个把手。

刘兵：一个非艺术化过程？

隋建国：它会变成司空见惯的东西，比方说现在咱们看日本物派在60年代末70年代初，那时候的作品在今天任何一个橱窗、柜台、酒吧的墙上都能看到同样的装饰方法，但是在当年那是一个巨大的创造，在今天不新鲜了，作为一种审美习惯已经进入我们的生活，没有张力。

刘兵：按照您的意思说，艺术是有别于司空见惯的日常生活的那些独特的东西。

隋建国：才有可能。

刘兵：一个艺术可能过若干年这就不再是艺术了。

隋建国：就说印花布要是放在青铜时代绝对是最高尚的东西，青花瓷器在300年前、400年前也都是皇室用的。

刘兵：我们能不能设想有一些东西能够更长久地保存艺术品的地位，因为毕竟艺术家们总还是希望能千秋万代的。

罗怡：有一套艺术史和运转艺术的系统，这也是从西方过来的，包括美术馆，包括文献，包括艺术评论，包括艺术媒体，包括学院的体制，包括市场等，我想二位都比我更熟知这套系统。隋老师刚才讲的日本物派，他当时出现的创新意义已经成为经典，留在历史上肯定也就留在历史上了。再出现同样的东西，就谈不上是艺术创造了。

隋建国：经典会留下来。

罗怡：是，审美被更多人接受，整个社会的艺术欣赏水准也提升了。当时被称为艺术且将来还可能留得下来的艺术，是在一个艺术史的基础上，进行最创新、最有想象力、最给人启发的创作，具备这个特征，我们才会花时间、有理由去探究它，我想这是我们今天为了隋建国的新作品聚集到这里的原因。

好的，我们今天时间差不多了，今天特别感谢大家到场。

构建艺术与科学的坚实基础 *

> 此文系为本书作者主编的"艺术与科学译丛"（由中国大百科全书出版社出版）所写的总序。

"科学与艺术"成为跨越科学与人文领域的热点问题已经有许多年了。我们不时地看到有一些相关的活动、项目、展览等在举办，其中一些还有非常高端的人士参与。在基础教育、大学通识教育的改革中，对科学教育和艺术教育来说，科学与艺术之关联和素养也成为被关注的焦点之一。然而，如果仔细观察，就会发现，在这个议题成为热点的同时，其成果在表现形式和质量水准上，还存在诸多的问题和不足。例如，除了少数意识到其重要性的真正热心者，许多高端人士的参与，往往只是被临时拉进来，发表一些朴素的感想，或是做些基于其本职工作的联想和发挥，但这些参与、观点和言论，却并未基于扎实的学理性研究。许多相关的作品的完成，经常也只是在科学与艺术之间建构了比较表面化的关联，甚至于只有相对牵强的对接。这些不足的存在，使得"科学与艺术"这一领域的发展并不理想。造成这种局面的重要原因之一,则是在此领域中深入、扎实、系统的学理性研究的缺乏。或者说,虽然已经经历了许多年的发展,但科学与艺术在国内现在很大程度上依然还只是一个被提出的问题,或者被关注的主题,还没有形成一个成熟的研究领域。

将近二十年前,本人曾主编了一套名为"大美译丛"的翻译丛书,在总序中,我曾写道:

> 广义的科学美学的内容,也即对于自然之美与科学之美的认识和审美提升,应属于科学文化的一部分,而且是其非常重要的一部分。鉴于国内对此领域的深入研究之缺乏,我们选择了引进翻译国外有关重要论著的方式。不过,即使在国外,这些研究也是非常分散的,也还没有像其他一些相关领域——如一般美学和科学哲学等——的研究那样形成规模。因此,我们在策划此套丛书和确定选题时,对原著的选择余地会受到很大的限制,要从文献海洋的边边角角中将科学美学的重要代表作筛选出来,难免会有明显的遗漏,再加上获取版权的困难,又不得不再次对一些初选的佳作割爱,这使得本丛书涉及的范围和规模受到不少影响。尽管如此,在本丛书现有的选题中,还是涵盖了几个最重要的方面,如关于自然界和艺术之中美的典型体现之一——螺旋——的研究,关于美与科学革命之关系的科学哲学研究,关于人们对所认识的天体与音乐、数学与音乐共同之规律和美感的研究,关于艺术与物理学之关系的研究等。

这套译丛当时只出版了第一批五种,分别是《艺术与物理学——时空和光的艺术观与物理观》《生命的曲线》《美与科学革命》《心灵的标符——音乐和数学的内在生命》《天体的音乐——音乐、科学与宇宙自然秩序》。虽然后来由于种种原因,这个译丛没有能继续延续出版下去,但已经出版的几种书还是产生了一定的影响。原本我们设想其主要读者应该是跨学科领域的科学人文研究者,后来却意外地发现在艺术领域中对此译丛关注的读者远远超出了我们原来的想象。这也说明,艺术与科学的问题,确实是一个会在更大范围内引起人们兴趣的话题。

将近20年后,艺术与科学仍然是学界的一个热门话题,但如前所述,这些年来在此领域中更有影响的著作和研究工作依然还是为数不多。而另一方面,随着科学文化及与之相关的各领域的发展,例如像教育领域中STEAM(科学、技术、工程、艺术与数学多学科融合的综合教育)的兴起,以及中国基础教育改革中对核心素养的强调、大学中通识教育的广泛开展等,更不用说在科学、艺术和科学人文教育中对跨学科研究的关注,无论在理论上还是在实践上,对艺术与科学这一主题(或者说研究领域)的需求却日益增长。而以前的"大美译丛"因系多年前出版,现在早已脱销。大百科全书出版社敏锐地意识到这类选题的价值,找到我,希望能重出"大美译丛"并继续增加新的品种。

正是在这样的情况下,才有了新的这套"艺术与科学译丛"。有些遗憾的是,原来"大美译丛"中几种非常优秀的作品(如《艺术与物理学》等),多年后已经联系不上版权。现在在这套新的"艺术与科学译丛"中,我们除了重版可以解决版权的几部著作,将陆续组织翻译更多的新作品,而选择的标准,则是在广义的艺术与科学这一领域中有特色、有新意、有重要学术价值的各类作品。我们将以开放的方式将这些译丛持续地做下去。

希望这套"艺术与科学译丛"能够为国内相关的理论研究和实践转化应用提供有益的借鉴!

2020年1月20日于清华园荷清苑

关于『智能化』与设计的若干哲学思考

此文曾刊于2016年第11期《装饰》杂志,与杨舰合作,在此略去了参考文献。

近些年来,"智能化"这一概念越来越多地为人们在各行各业中使用,例如,笔者于2016年10月在知网以"智能"为关键词进行检索,可找到多达3152987条相关文献,而以"智能化"为关键词进行检索,亦有多达1207619个结果。当然,在工业生产等领域中,涉及智能化概念的研究论文是最多的,但在设计领域,智能化的概念也被广泛应用,而且,这个概念又在许多具有交叉性的领域出现。尽管"智能化"概念并非是一个明确的概念,但人们这样广泛地使用它,还是反映出一些有深意的问题,值得我们进行一些哲学的思考和反思。

一、关于"智能化"的概念

我们首先应该注意到,正像有学者指出的,关于"什么是'智能化'",目前尚缺乏明确、科学、公认的定义"。实际上，在人们对于"智能化"这一概念的使用，经常与"现代化""自动化""信息化""数字化""网络化"等概念有所接近或重复，但又未能明确区别于这些概念。

其实，关于"现代化""自动化""信息化""数字化""网络化"这些概念，与"智能化"相比，倒是有相对明确的所指。即使不做过于详细的语源追溯，我们还是大致可以相对比较明确理解这几个概念现在的含义。特别是，像自动化，至少在狭义上是以自动化理论（尤其是现代控制理论）为基础并通过计算机技术等手段来实现的取代人工劳动、减轻人类负担并提高效率的作业；而信息化，背后还有信息科学的支撑；数字化，又特别与计算机在进行信息处理时，以数字信号和数字编码的方式来工作的过程相联系；至于网络化，更是与互联网的广泛应用和普及相关。但"智能化"这个概念，却经常在语义非常不明确、所指对象有着巨大差异的情况下被广泛地使用。

当然，也还是有学者试图为"智能化"的概念做出一些定义或解释。例如，有人曾指出："智能一般具有这样一些特点：一是具有感知能力，即具有能够感知外部世界、获取外部信息的能力，这是产生智能活动的前提条件和必要条件；二是具有记忆和思维能力，即能够存储感知到的外部信息及由思维产生的知识，同时能够利用已有的知识对信息进行分析、计算、比较、判断、联想、决策；三是具有学习能力和自适应能力，即通过与环境的相互作用，不断学习积累知识，使自己能够适应环境变化；四是具有行为决策能力，即对外界的刺激做出反应，形成决策并传达相应的信息。具有上述特点的系统则为智能系统或智能化系统。"

但我们可以看到，像这样的定义仍然是不够清晰的，只是描述了其作者所认为的，而且似乎应是特指人造的某些"设备"的

"智能"或"智能化"的某些特点,而不是特指人们对于并无异议的人所具有的"智能"。在严格的意义上,究竟何为"智能",本应是一个很基本的,但又在定义和理解上颇有争议的哲学问题。尤其是,像智能与人的关系,是不是只有人类才有智能,人类是否可以人为地制造出与人类的智能无差别的智能等,也一直是在像心智哲学、认知科学以及与之关系密切的人工智能等研究领域中长期被讨论而且并无简单答案的难题。至少在学术界的各种观点中,认为智能是人类所特有的,是典型的、很有代表性的一种。

我们注意到,还有人更简单但具有启发意味地指出:"'智能化'应当有两方面的含义:(1)采用'人工智能'的理论、方法和技术处理信息与问题;(2)具有'拟人智能'的特性或功能,例如自适应、自学习、自校正、自协调、自组织、自诊断及自修复等。"这种观点的重要性在于,区别了两类"智能化"。因为,"人工智能"的概念,或者至少就研究领域和问题而言,还是比较明确的,而"拟人智能",则成为智能化概念所指的另一大类。既然是"拟人"的,也就可以在机器设备的意义上,通过对其特征的描写来定义,也含有不必涉及与人的智能是否同一的问题。其实上,在当下,以知网上大量的涉及智能化的关键词的论文中,实际大多是在这种"拟人智能"的意义上来使用智能化概念的。一个"拟"字带来了既模糊(即对其"拟"的程度的规定)的界定,又带来了某种明确的区分,即它所指的并非真正意义上的"人工智能",并非真的是在人的智能意义上的"智能"。

如此分析,这种"拟人智能"意义上的"智能化",其实恰恰是在不同的场合,单独或联合地利用了"自动化""信息化""数字化""网络化"等概念的所指,并无原始或实质意义上的"智能"的含义了。只不过，人们在语言中广泛使用这一并不严格的概念已经成为普遍的现象。

二、关于与设计相关的两个"拟人智能化"实例分析

如前所述，当下采用"智能化"概念的论文数量最多的，还是在生产、制造类的领域，但也正是由于这一概念使用的普遍化，在设计领域，人们也同样乐于利用它来指称一些新的设计对象，而且，主要也都是集中在前文所说的"拟人智能"意义上的"智能"领域。在这里，试举两例加以分析说明。

1. 智能手机

在设计界，随着互联网的普及，以及智能手机的飞速发展和广泛应用，与智能手机相关的设计问题成为重要的热点话题之一。但智能手机，本是相对于传统的手机（mobile phone）而言的，其最常用的英文名称 smart phone 也表明其并非原初的智能（intelligence）意义上的手机，只是 smart 而已，差不多就是互联网与传统手机的新结合。显然，将其归入"拟人智能"意义类是合理的。

在广义的设计意义上，智能手机的设计与经典的产品理论是非常吻合的。按照按经典的产品理论，用户体验包括五大要素。它们分别是：（1）战略层，要解决产品目标及其目标用户，发现市场和用户需求；（2）范围层，明确为用户提供哪些产品功能，比如手机要不要导航功能、需不需要GPS、要不要指纹识别等，因为每个产品都不可能什么都做，只能做有限的功能；（3）结构层，确定各个将要呈现给用户的选项的模式和顺序，这一部

分是交互设计师发挥专长的地方;(4)框架层,决定了产品最终要做成什么样子,确定用什么样的形式来实现,在软件产品方面,就是要做界面设计、导航设计、信息设计等,这是UI设计师的工作;(5)表现层,涉及功能及内容的视觉呈现的最终样子,通过内容、功能和美学汇集到一起来产生一个最终设计,从而满足其他层面的所有目标。在这当中,只有后两项内容是传统设计工作者的工作内容在新形势下的延伸,而其他三项,更主要是市场和具体的工程技术设计的内容。

就智能手机所涉及的伦理问题,在过去关于互联网以及普通手机的弊端的讨论中其实已经有充分的触及了,包括像网瘾、对手机过分的依赖以至于影响到正常的人际沟通等。在智能手机阶段,只是这些问题变得更加突出而已。但还有一个与个人电脑类似的过分追求升级换代,从而带来的消费观念的扭曲和资源浪费等问题,在智能手机阶段更是变本加厉。但值得注意并在此可以提及的是,曾有关于设计研究的文章认为:"对待资源浪费与科技更新的矛盾,我们并不能归咎于智能手机的科技更新造成手机资源浪费,相反,笔者认为正是因为我们的科技不够发达,才导致手机资源的浪费;如果我们的智能手机售后维修技术与设备能够达到在相应的要求,且维修智能手机内部硬件与软件的技术足够成熟,可以随时为消费者更换更新内部零部件,就能解决因更换零部件带来的使用不便等问题,相信更多的消费者会选择维修而不是重新购置,这就可以避免一些手机资源的浪费,从而实现智能手机的可持续发展。"像这样的观点,显然仍是以科学主义的立场为资本化追求的消费与生产理念辩护的典型。引文中提及的那些措施,现阶段在技术上也并非无法实现,现实之所以会如此,恰恰是因为最新科技成果与资本市场的利益相结合的结果。

而对于设计者来说，在此方面的贡献，通常也只是为带来不可持续发展的、以追求利润为首要目标的资本化的市场助了一臂之力而已。

2. 智能家居

按照在"百度百科"上相对标准的定义，所谓智能家居是指以住宅为平台，利用综合布线技术、网络通信技术、安全防范技术、自动控制技术、音视频技术等将家居生活有关的设施集成，构建高效的住宅设施与家庭日程事务的管理系统，提升家居安全性、便利性、舒适性、艺术性，并实现环保节能的居住环境。其实，从以上的描述，以及智能家居的英文原名（smart home 或 home automation）来看，这个概念和智能手机颇为相似，仍然也是以 smart 而非 intelligence 来界定的，或者，也只不过是基于网络信息技术和自动控制技术等手段实现的某种"家居自动化"而已。仍然是典型地属于"拟人智能"的范畴。而且，在此领域中，一些更加泛化和过于牵强的命名，如"智能衣柜""智能水杯"之类，几乎连"拟人智能"的水准都很难说达到。

显然，智能家居在设计方面，也同样是一个超越传统设计的领域，也与智能手机类似，其中既有市场和工程技术性的设计，也给传统设计工作拓展了更大的空间。

有人曾指出："与普通家居相比，智能家居不仅具有传统的居住功能，兼备建筑设备、网络通信、信息家电和设备自动化，同时还能够提供信息交互功能，使得家居生活更加的高效、舒适、安全、便利、环保。"在此说法中，如果说高效、舒适、安全、便利等还是其具有某种优势的特点的话，尽管也还存在像其他自动化、网络化应用的风险问题之外，就环保来说，还很难能够确定地讲就成为其确定无疑的长处。就与生活相关的环保来说，曾有一个非常基本的理念，即倡导"简朴生活"，而一般概念中的智能家居，则往往是在传统日常生活需要的基础上，添加了许多并非必要的功能，而为了实现这些功能，更是要增加能源和资源的投入，最终所谓像"节能"之类的"环保"效果，结合总体投入来看，仍然非常可能得不偿失。倒颇有些像在家务劳动中节约了人的劳动和体力，然后再去健身房将人们过剩的能量消耗掉一样的意味。

三、人工智能

在前文提到的理解"智能化"的两种含义中，除了"拟人智能"之外，另一种含义即"采用'人工智能'的理论、方法和技术处理信息与问题"。因而，对于人工智能问题可以在此专做简单的讨论。

其实，在这里虽然是从几乎未有一致定论性理解的"智能化"概念中分解出"人工智能"问题，而且表面上看似乎对何为人工智能，人们还是有着比较明确的理解，但实际上"作为一门前沿学科和交叉学科，人工智能至今尚无统一的定义。不同学科背景的学者对人工智能做了不同的解释"。这里所说的无统一定义和不同解释，是涉及更为本质的对人工智能的看法，如通过什么方法来实现人工智能，其理论基础和机理等，而在更相对表层的操作性的意义上，把人工智能界定为是由人所创造出来的可以像人类一样具有智慧、能够自适应环境的智能体，就这种对对象的定义来说，这倒是没有什么分歧。甚至于在对人工智能的判定和测试标准上，也有像"图灵测试"和塞尔提出的"中文房间"这样影响巨大的经典范例。

因为人工智能的发展目前主要涉及的是科学技术方面的开发研究，其发展既迅速又在与人们理解的人类智能相比的意义上非常初级，虽然有像能够战胜国际象棋和围棋国际大师的"深蓝"和"AlphaGo"计算机人工智能程序，但也因其在发展阶段上的原因，并未能广泛地走入生活现实，因而，传统的设计工作者对之还未有广泛介入。当然，在现实中，也存在着许多本非严格意义上的人工智能产品被牵强地贴上了人工智能标签的现象。

与"拟人智能"意义上的"智能化"相比，人工智能因其研究对象的相对明确，而且更是在科学技术意义上的研制努力，对之相关的哲学分析也为数众多。除了对与其实现方法、理论基础和判别方法的研究之外，对之的许多争论还涉及像这种"人工"制造出来的"智能"是否与人类的智能在本质上相同，是否能达到人类智能的水平，以及是否会超过人类的智能等问题。也正是由于后面几个问题，与人工智能相关的伦理争论也更加激烈。

由于与人工智能相关的伦理争论在学术界已经很多了，这里只提及近来江晓原教授在回应因AlphaGo"围棋人机大战"而引发的新一轮争论时，提出反对人工智能研发的几个典型观点。其一，是"老虎还小"不构成养虎的理由。这是针对那种广泛流传的"人工智能目前还很初级很弱小，所以不必忧虑"的观点，因而，如果我们无法论证"人工智能不会危害人类"，那就有必要重新考虑目前是否应该发展人工智能。其二，他认为，"人造的东西不可能超过人"是盲目信念，因为并没有人曾给出过关于"人造的东西不可能超过人"这一论断令人信服的论证。其三，认为"人类可以设定人工智能的道德标准"这条理由也是没有足够的论证的。其四，出现问题时，"拔掉电源"在未来也未必可行，这种说法只在对人工智能的想象停留在个体机器人阶段时，也许才成立的。其五，也是最关键的一点，即"发展科学"也可能"唤出恶魔"。因为我们必须想清楚：究竟为什么需要人工智能？人工智能真是必不可少的吗？江晓原教授的这些观点，看上去似乎非常激进，但我们还是会发现，除了其中相对技术性和学理性但也不无道理的前四条之外，尤其是其最关键的第五条，其实人们确实并未真正进行理性的深入思考。

四、几点思考

从前面对"智能化"若干相关问题的讨论中可见，无论在理论上还是在现实中，都还存在大量的争议和问题。这并非是在本文的篇幅内可以进行详尽分析的。在这里，不是作为结论（其实许多问题并非有简单明确的单一结论），而是力图对笔者认为有意义的几个要点进行一些初步的思考。

第一，从"智能化"这一概念的广泛而含义多样且不明确的使用来看，其背后或许隐含着当下社会上对于高技术的发展及应用的某种过高的崇拜。长期以来，我们一直强调科学技术作为生产力，强调现代化的、数量化的、物质化的发展，而与之相伴的，认为高新技术会推动这样的发展，即没有从人文的立场对于科学技术的哲学和发展观等方面进行深入的思考。但这种缺乏人文立场的基于对高新科学技术之崇拜的追求，既导致人们更愿意将许多并不真正属于"智能"范畴的产品贴上象征着高新技术的"智能化"标签，也会带来诸多的伦理问题。

第二，就作为传统设计工作在所谓"智能化"的发展形势下的拓展而言，那些实际上属于"拟人智能"类的"智能化"

领域，为设计工作提供了广阔的空间，同时也存在着诸多伦理方面的问题。其实，这与近些年来，在追求"现代化"的发展过程中，人们过于崇拜高科技的科学主义倾向及将科学技术手段与追求资本增值和获取利润相结合有密切的关系。设计工作在此背景下也自然趋向于为之服务，从而导致各种不可持续发展的障碍。

第三，在人工智能的讨论部分，提到的反对无限制、无条件发展人工智能的几点理由中，涉及的问题也同样适用于拟人智能类的智能化设计工作。关键在于，我们需要的是什么样的发展这个根本性的问题，而且在现实中，我们追求的许多发展的内容，原本并非人类必要的需要，而是通过科技手段与对资本增值的追求相结合所创造出来的新需求，但这些新需求却经常被无批判地当作人类固有的合理需求，对此，深度的反思是绝对必要的，否则，只靠科技手段而缺少人文立场来，人类社会的可持续发展就只能是不可实现的梦想。

第四，设计工作与技术的发展是不可分离的。2016年，西方著名科学人类学家、技术史家白馥兰（Francesca Bray）在北京师范大学"跨文化学研究生课程班"讲学时，曾提到一个很有洞见的观点，即从科学人类学的立场来看"技术-社会"观，有两种看法：一是"技术构建未来说"，按照此说的逻辑，文化就是技术的障碍；二是"技术维护传统说"，根据这种观点，技术应该在促进社会再生产和维护社会稳定方面发挥作用。换言之，即前者通过创新发明来改变社会，而后者则要用技术来用来维持社会传统的某些稳定性，而后者同样是要投入大量的人力、物力、财力和能量才能实现的。就"智能化"的发展而言，似乎更注重的是前者，但人们对后者的认识却远远不足。对于设计工作来说，意识到这一点，避免一味只追求最新的高科技，是非常重要的。前几年，《装饰》杂志曾做过的关于高技术与低技术的讨论专题，可以说是对这种意味的有益探讨。

"图"与"书"——蒙古族传统装饰图案在现代蒙文书籍设计中的应用研究*

> 此文曾发表于2014年第4期的《中国编辑》杂志,与高俊虹合写。这里略去了原文的配图和参考文献。

自古以来,中国以"图""书"二字并称,"凡有书必有图"(清代徐唐《前尘梦影录》),"书"与"图"始终紧密联系在一起。当然,广义地讲,书籍装帧设计中的图,也可以算作图书之图的一个组成部分。在全球化背景下,我们已经逐步开始认识到独特的民族文化的重要性。对于内蒙古这样一个民族自治区,将传统的民族文化资源优势与现代艺术设计相结合,才是现代设计发展的方向,而蒙古族传统装饰图案就是其中可借鉴的宝贵资源库。汲取民族传统图案的精华,并积极运用到现代设计中去,走出传承与创新相结合的新途径,是每位设计者值得研究的课题。本文探讨了蒙古族传统图案在现代书籍设计中的应用。

一、图——蒙古族传统装饰图案

图，作为视觉传达的主要形式，发挥着比语言更为直接何具象的作用。与图相关联的有图形、图像、图画、图案等，本文主要指图案。图案一词首先在20世纪20年代从日本引进，主要指在设计施工前的设计方案或图样，包括产品或器物的形状、结构、色彩、纹饰等。图案在1936年出版的《辞海》中被解释为"design"，即设计之意。《中国工艺美术大辞典》曾给图案的解释是："广义指对某种器物或建筑实体造型、结构、色彩、纹饰的设想，在工艺材料、用途、经济、生产等条件制约下，绘制成的图样。狭义指器物上的装饰纹样。"由此看来，纹样与图案、图案与设计之间本身具有非常密切的关系。广义的图案概念相当于设计，狭义的图案概念专指装饰纹样。

装饰图案是按照一定的结构规律，经过抽象、重复、变化等方法而形成具有装饰意味的图样。各民族都有典型的装饰图案风格。正如威廉·沃林格（Wilhelm Worringer）所说："装饰艺术的本质在于，一个民族的艺术意志在装饰艺术中得到了最纯真的表现。装饰艺术必然构成了所有对艺术进行美学研究的出发点和基础。"蒙古族的装饰艺术体现了蒙古人最纯真的艺术意志。

蒙古族传统装饰图案作为内蒙古民族文化的重要组成部分，其粗犷柔劲的线条、鲜艳夺目的色彩，表达了蒙古族对草原的歌颂和对吉祥美好的祈盼。蒙古族传统装饰图案广泛运用在蒙古人衣食住行用等生活的各方面，如住宅蒙古包内外、服饰、生活用具等，有植物纹、动物纹、几何纹等。蒙古族传统图案是民族文化不可忽视的重要组成部分，也是内蒙古民族文化的形象代表，代表了人们对吉祥幸福的追求和美好生活的祈盼，并且在长期的发展过程中积淀了蒙古人丰富的情感。

二、书——现代书籍设计与内蒙古自治区蒙文书籍出版状况

  书是人类交流思想、传授经验、获取进步的重要媒介。书籍设计的目的是运用图形、文字、色彩等符号准确清晰地传达作者的思想，提供给读者一系列有关书籍的信息。书籍设计的对象包括封面、封底、书脊、扉页、环衬灯以及书籍的材料、开本、版式、印刷、工艺等。其中封面在书籍整体设计中扮有重要角色，是一本书要进行信息传达的第一视觉形象。书籍封面设计需要将书籍内文的主要思想进行高度概括，更好地进行交流和传播。由于文章篇幅有限，所以本文暂将书籍封面作为主要研究对象。

  我国现代书籍设计在五四新文化运动时期迎来了崭新的局面，从技术到艺术方面都受到欧美与日本书籍设计风格的影响。本文研究的内蒙古地区蒙文现代书籍设计主要从内蒙古20世纪50年代成立的第一家出版社为始点进行研究。1951年内蒙古人民出版社（内蒙古自治区最早的综合性出版社）建立，开始用蒙汉两种文字出版各类图书，蒙古族传统图案开始逐渐在书籍封面设计中被广泛应用，出版的部分图书在书籍装帧设计中体现了一定的民族风格和地方特色。

  自成立自治区以来，内蒙古作为蒙古族聚居区，逐渐建立起较为完整的出版、印刷、发行体系，蒙文书籍具有更为重要的特殊意义。一方面有人在哀叹会说蒙语的蒙古人越来越少，一方面蒙文书籍的出版呈现出逐渐繁荣的局势，这正体现了民族文化传承的必要性。"蒙文图书代表着内蒙古出版事业的主流和成就，它的兴衰好坏是内蒙古出版事业的主要标志。十一届

三中全会以来，内蒙古蒙文图书出版事业犹如烂漫的山花，开遍草原。"内蒙古人民出版社、内蒙古教育出版社、内蒙古少儿出版社、内蒙古文化出版社、内蒙古科学技术出版社、内蒙古大学出版社，这六家出版社都可以出版蒙文图书。蒙文书籍的出版与发行对民族文化的传播与民族精神的凝聚起到了重要的作用。

三、蒙古族传统图案在现代蒙文书籍设计中的应用

书籍设计的图形语言可以有许多，如摄影照片、数据分析图表、插画等。在读图时代，图的叙事能力不断提升，图形语言能够帮助人们更好地理解文字，起到了语言文字难以达到的作用。而图案比一般的图形更加具有赏心悦目、净化心灵的美育作用。另外，书籍内容的复杂信息用装饰图案来传达是一种较为常用的封面设计手法。

由于蒙古族传统图案象征吉祥的美好寓意，现代设计对蒙古族传统图案的恰当应用，可以为书籍增添独特的表现元素。蒙古族传统装饰纹样具有深层的精神象征，具有强烈的民族认同感。蒙古族传统装饰纹样成为现代书籍设计者创作的资源库。哈木尔云纹、阿鲁哈锤纹、额布尔犄角纹、卷草纹、吉祥结等各式纹样在内蒙古出版的书籍设计中屡见不鲜，蒙古族传统装饰纹样为创作者提供了取之不尽、用之不竭的创作源泉。

关于蒙古族传统装饰图案在内蒙古地区的蒙文书籍设计的应用状况大致分为以下几个阶段，不同阶段体现出图案不同的应用规律和特点。

1. 20世纪五六十年代——图案尝试

这一时期是内蒙古出版业的起步阶段，大多蒙文书籍封面为素面，由于当时书籍设计印刷技术有限，封面色彩较为单调，风格简洁，图案也开始走进部分蒙文书籍设计领域。如内蒙古人民出版社1957年出版的《哲学常识》（戈壁巴托尔、比喜勒图等译），书籍封面采用白底红字的基本色调，体现了50年代的社会背景和印刷技术。书籍封面运用了深受蒙古族喜闻乐见的传统图案——卷草纹。图案置于书名正下方，起到对主题的烘托作用。卷草纹以其不断重复的对称卷曲样式，是旺盛生命的源泉，象征吉祥美好。其实，对于像哲学这种抽象主题的蒙文译著，运用任何具象图像都不足以能够说明书中内涵，用蒙古族传统装饰图案进行修饰，应该是较为贴切的一种设计样式。而内蒙古人民出版社1960年出版的《内蒙古自治区文学史》（内蒙古大学中国语言文学系编，东和尔扎布译）是内蒙古第一部地域文学史。书脊设计采用二方连续卷草纹图案，书籍封面设计运用了典型的蒙古族传统装饰图案，即由吉祥结与卷草纹共同组成的角隅式纹样。作为完整的蒙古族传统装饰纹样，中心纹样四周一般都会设置角隅纹样。角隅纹样在构图形式中起到边界指示的作用，并且有保护和烘托中心主体之意。书籍封面色彩素雅，散发出蒙古历史文学中的淡淡书香。

这一时期的蒙文图书书籍出版数量很少，运用图案进行装饰设计的书籍更是寥寥无几。图案题材以卷草纹居多，图案的位置或是围绕书名，或是围绕书籍封面的边角进行局部性的装饰设计，图案构图追求对称、稳定的布局。

2. 20世纪七八十年代——图案装饰

这一时期，出版社的出版物数量成倍增加，出版物开始出现了封面设计者的姓名，表示对书籍设计工作的重视。设计师开始积累搜集蒙古族传统图案，特别是针对民族性题材的书籍，纷纷采用丰富的蒙古族图案对书籍的封面、书脊进行重点设计。这一时期的蒙古族图案可以说是直接使用，常常铺满书籍的全部封面，甚至有喧宾夺主之势。随着书籍印刷技术有所提高，色彩较前期更加丰富，图案的完美和饱满的装饰方法也被直接借用到书籍的封面设计中。如1981年内蒙古人民出版社出版的《内蒙古人民出版社成立卅周年纪念图书目录（1951—1981）》，书籍封面的蓝色、红色向读者发出了庆祝的信号，蓝色与红色往往是蒙古族喜庆节日的主导色。书籍封面四周的图案采用卷草纹，图案布局虽然繁满，但由于图与地的色彩属于一个色系，形成和谐统一的色彩关系，图案线条与色彩形成富有节奏感的效果。"图案的美更多不是出于其元素的本质，而是一个有节奏的图式。它们的形状、走向、断断续续的停顿、强弱交替等。图案实际上是为了一种需要的节奏感而被特意计划设计出来的效果。富有节奏的效果是所有形式装饰的基本目标。"富有节奏感图案的运用让书籍封面整体呈现质朴见繁华的气息。

蒙古族传统装饰艺术在书籍设计中最为常用的图案有卷草纹、哈木尔云纹、吉祥结、犄角纹、回形纹、卍字纹等，五畜纹体现了蒙古族文化鲜明特色。如内蒙古科学技术出版社1988年出版的《五畜命名要求》（舍·宝音涛克涛编著），这本书在当时算得上比较注重书籍设计的一个案例，从书籍整体设计，到插页插图、题字等环节都经过了专门的精心设计。这在80年代的内蒙古还是少有的，大多只是对书籍的封面进行设计，就连封底多数也是简单的统一模式。这本书因其主体为五畜，所以封面采用五畜的装饰图案，底纹为卐字纹。蒙古族牧民称牛、马、山羊、绵羊、骆驼为"五畜"，蒙古族传统的衣食住行都与五畜关系密切。草原和牲畜是蒙古人生命的源泉，所以五畜也是蒙古族传统装饰图案的主要题材。五畜中居于首位的是马，图中通过多种方式将马的形象和地位提高，位置居中、形态实体、圈饰凸显，类似这样的构图关系是蒙古族传统装饰图案中也经常运用的方法。另外，书籍内文中章节标题四周运用了各不相同的边饰图案，纹样元素主要为卐字纹、吉祥结、卷草纹、哈木尔云纹等。

蒙古文字与图案的完美结合在这一时期初现端倪，如蒙古科学技术出版社 1987 年出版的《皮革鞣制》（卓日格图选译）是内蒙古早期关于皮革鞣制技术方面的科普读物。书名蒙古文字是书籍整体设计的视觉焦点，文字字角进行美术字的设计方式，并充分利用了蒙古文横轻竖重这一字体特征，将较宽的一竖笔画统一穿插了经过简化处理的犄角纹。三个蒙文字体显得和谐统一，而又富于节奏变化。蒙古族传统装饰图案是吉祥的象征，是美的化身，哪里需要美，就出现在哪里。所以这一时期的图案应用更加灵活多变，图案被装饰在封面、书脊、扉页，甚至与蒙文美术字相结合，呈现出更加丰富的装饰手法。

3. 20 世纪 90 年代及 21 世纪初——图案重构

这一时期的书籍设计开始注重书籍的整体设计。在五六十年代，对书籍的设计实际上只是对封面局部进行简单装饰美化，早年的蒙文书籍大多很薄，几乎不用考虑书脊设计，封底也被忽略不计。而这一时期的书籍开始对封面、封底、书脊、扉页、环衬、页码等部位进行全方位的整体设计，可以称得上真正意义上的书籍设计。如内蒙古教育出版社1996年出版的《语言学名词术语解释词典》（斯琴、高路等编）是一本关于汉英蒙对照科学技术名词术语解释的词典。对于学术类词典，设计者在封面并没有给予过多的设计，而是在较宽的书脊做文章。书籍陈放在书架时，书脊呈现给人对书的第一印象。书脊联系着封面与封底，聚集了封面及封底的主要信息要素。书脊的图案设计运用了哈木尔云纹与卷草纹相结合的二方连续，将书脊分为上下两部分空间，将书名与出版社两则信息先后有效传达出去，另外在中间靠下的部位以吉祥结与卷草纹结合的图案来装饰，与上中下的二方连续图案性形成图地相反的变化，使得金色图案在蓝色图底的映衬下更加熠熠生辉。作为精装工具书，这样的设计更加便于查找。

丰富烦冗的图案装饰手法与现代书籍设计的简洁风格似乎互不相融，而对传统图案进行符号化、简洁化处理就能解决二者的矛盾。如内蒙古人民出版社2009年出版的《尹湛纳希全集》（六卷本），尹湛纳希（1837—1892）是蒙古族文学史上杰出的文学家和思想家，精通蒙、汉、藏、满文，学问广博。封面文字垂直排列，作者头像、蒙古族图案作为图形语言与大量的留白意在营造出诗一样的意境。可见，蒙古族传统装饰图案在现代设计中应用越来越趋向于简洁化、符号化。

这一时期，设计师逐渐摸索现代设计的一些方法，用打散、重组、同构等方法化繁为简，对其进行提炼、概括归纳、重构组合，创造出简洁且富有代表性的图形符号，更加适应于当今快节奏的社会状态。这一时期虽然图形语言简洁，但印刷色彩更加丰富和精准，装帧工艺趋于完善，如烫金烫银、模切压痕、凹凸压印等工艺越来越普及。另外书籍装帧的材料层出不穷，除日益丰富的纸材以外，皮、革、木、布、丝绸等各种材料走进书籍装帧的世界，让重组后造型简洁的蒙古族图案符号以更加丰富的形式出现在现代书籍设计中。

四、图与书——蒙古民族文化的发扬与传承

蒙古族传统装饰图案具有独特的造型与吉祥的寓意，恰到好处地运用传统图案不仅会给现代书籍设计提供宝贵的素材，也为提升书籍的文化意蕴和民族风格。现代蒙文书籍设计不仅要体现民族文化的内涵，还要符合现代人的审美要求。"新民族图形的关键在于一个'新'字，从民族的、地域性的传统艺术中走来，但绝不是前者简单的移位和复制。所创造的图形，既保留本土艺术的神韵又带有鲜明的时代特征，具有全新的视觉表现效果。"书籍设计往往是用提炼、概括、归纳的手法将书中复杂的思想内容进行科学艺术化处理，呈现以视觉图形的方式，从而更好地起到阅读引导的功能。所以图案在书籍设计方面的应用并不是简单地将图案直接挪用，而是通过借鉴、取舍、重组的创新设计。

蒙古族传统装饰纹图案不但具有深层精神象征内涵，并且在本地区具有强烈的民族认同感。"装饰往往是一个民族的文化和审美观念的浓缩，在传统手工艺和民间工艺中，一个民族的审美特点和风格往往是通过装饰的形式或装饰的图案所体现出来的。"于是，在蒙文现当代书籍设计中加入蒙古族传统装饰的纹样元素，成为民族文化的最美的一种表达方式。"在后现代设计的思想中，现代主义设计的主要弊端是用同一种方式对待不同地方的人，从而忽视了民族特点和地方特色。后现代主义者宣扬文化多元论及其差异性、开放性与变异性，强调设计的个性和民族特征。"这些观念对于今天的设计都是值得借鉴的。如果蒙古族传

统图案不能够出现在当下的设计中，那将会是对蒙古民族文化特性的一种消解。独具特色的蒙古族传统图案在蒙文书籍设计中的运用充分展现了民族文化的韵味，满足蒙古民族的回归意识和寻根情节等文化心理需求和精神审美需求。作为文化传播最为持久的一种载体，书籍与书籍设计应该承担起民族文化的传承重任，让民族文化延续在现代设计的各个领域中。

科学与性别

科学与性别：性别研究不可忽视的维度 *

此文原刊于 2019 年 1 月 8 日《中国妇女报》。

在传统的妇女研究领域中，以及在更具新视角的性别研究领域中，将女性与科学的关系联系在一起，或者说，从科学与性别的关系这个维度来进行的研究，与其他越来越热门的女性研究话题相比，一直还是所受关注偏少的。然而，在被社会突出关注的一般性话题中，涉及科学的话题却并不少见，只是，在没有用性别视角来审视和研究这些问题时，就会形成人们对这些话题在性别关联上的无视，以及理解的片面性。

例如，最近英国《自然》杂志评选发布了 2018 年度科学人物，也即十位当年对科学界产生重大影响的人士。正如《自然》特写版主编表示的："十大人物的故事浓缩了 2018 年度最难忘的科学事件，这些事件迫使我们思考我们究竟是谁、我们从哪里来，以及我们要去向何处的难题。"而在这十位年度科学人物中，女性便占据了半壁江山。

这五位女性科学家，因其在科学研究、促进科学史界的性别平等以及环境保护等方面的贡献，而成为年度科学人物。这一方面体现出女性在科学界的影响的增大，但另一方面也会让我们联想到另外一个问题，即如何才是具有更为深层意义的在科学界的性别平等。

因为在中国，近日同样有一个每年都会发布的评选，即第15届中国青年女科学家奖、2018年度未来女科学家计划评审结果公示，经第15届中国青年女科学家奖评审委员会初评、复评，共产生十名第15届中国青年女科学家奖获奖人选和五名2018年度未来女科学家计划入选者。这已经是第15届了！由此，似乎不能不说我们国家同样关注科学领域中的性别平等，但是，我们同样也可以注意到，在这样的人物评选中，突出体现的其实主要还是入选者的天然性别身份，即身为女性同时又在科学领域中有突出贡献，因而当选，因而表彰。这并不是说天然性别身份不重要，但联系到几十年来国际学术界对性别与科学的研究，研究的重点早转移到社会性别的视角，并用之作为分析框架来探讨两性间在科学和其他领域中的不平等及其背后的深层原因。因而，尽管我们现在可以看到性别平等的诸多进展，但不平等的普遍存在也同样是有目共睹的。除了要宣传那些在平等方面的进展之外，对不平等的冷静思考和基于社会性别视角的学理性研究，更是现在所欠缺和在未来需要重视的！

其实，还可以注意的是，在近日英国《自然》杂志评选的十位2018年度科学人物中，有一位是近来在国内外因其科学工作而引起极大争议的中国男性科学家，即以非治疗目的用CRISPR（规律间隔成簇短回文重复序列）技术改变了两位健康婴儿的基因的贺建奎。正是因为他无视科研伦理，此举遭到了国内外学术界和普通大众的广泛质疑和批评。但在学术界和社会上无数的质疑中，从性别视角来讨论的却为数不多。早在几十年前，国际上一些女性主义研究者就已经注意到了生育技术对于女性可能带来的伤害，而在这次引发普遍质疑的事件中，基于性别视角的分析讨论的缺席，不正说明了科学与性别问题学理性研究的薄弱吗？

《中国妇女报》创办的《新女学周刊》是很有特色的。它既有着学理性的基础和学术的眼光，关注性别研究的许多基础性问题，又以普通读者易于理解的语言相对通俗地对诸多社会热点问题进行评论和分析。既有国际视野，又有本土关怀。为性别平等的推进，也为性别研究在中国的普及做出了重要的贡献。在《新女学周刊》以往的话题中，有不少涉及性别与科学领域，当然，也希望以后能够加大对此类话题的讨论力度。

从科学史与男性视角关注性别研究[*]

> 此文由《中国妇女报》记者南储鑫对刘兵的访谈整理而成,原刊于2015年8月11日《中国妇女报》。

缘起:从科学史切入性别研究

作为国内最早开始从事科学史与性别研究的学者之一,我进入性别领域有一定的偶然性。因为我的研究领域是科学史理论、科学传播研究,出于理论研究的需要,我要关注国际上各种流派和思潮,也就很自然地关注到了声势浩大的女性主义流派。

对于女性主义研究而言,我可谓从零开始,而随着了解的逐渐深入,我发现,女性主义在20世纪70年代及以后的发展,不仅仅影响了文学、历史等传统学科,甚至一般人认为不大可能有影响的领域,比如科学史等领域,都因为女性主义而产生一些很重要的变化。这样的学派、观点给我们的研究带来了新的、有冲击力的,甚至是颠覆性的观念。

所以,我逐渐从科学史方面切入性别领域去做一些研究。实际上在1995年世界妇女大会召开前,我就开始关注女性主义与科学史的一些研究。因为那个时候国内还几乎没有科学史性别相关问题的研究，而且科学和科学史很容易被认为是客观的、自然的、不带性别色彩的。为此，我积极对国外科学史与性别方面的理论进行译介，同时也做了一些本土问题的研究。

鉴于女性主义学理渊源是从国外理论脉络中延伸出来的，我做科学史与性别研究工作的内容之一，就是对国外科学与性别的翻译、评介性研究，这对中国而言是很重要、很有意义的。我们有一个引进的过程，国外性别与科学方面的研究对我们构成观念的冲击。20世纪90年代，我跟国外一些机构合作，推进科学史与性别方面的研究，我们编辑了科学与性别的读本，为这个领域的研究启蒙提供了较为详尽的参考，这些成果至今对于科学与性别的领域还是有一定影响的。

在引进的基础上，我也注重对本土的现实问题进行分析、研究，比如"坐月子"问题。"坐月子"在科学史上、性别研究上都有争议，而恰恰是说不清楚的事才更值得研究。特别是当今社会，西方的科学很强势，能以顽强生命力抵抗西方文化侵蚀的传统习俗并不多，"坐月子"是其中之一，这个有本土知识的意义，事关用性别视角反思科学史、科学本身，虽然这些研究很难有一个惊世骇俗的研究发现，但是于公众而言颇具实用性，也能够为消除性别刻板印象提供一个思考、研究路径。

坚持：认同女性主义的理论价值和现实力量

1995年世界妇女大会我并没有直接参与，回过头来看这20年的变化，我国把男女平等作为一项基本国策，带来推进男女平等的积极变化。政府主导的性别平等发展战略，有其积极性和重要意义。但性别平等国家战略的逻辑、标准，有时容易被某些执行者的政绩观所左右，导致对非政府组织和个人力量的忽略。实际上，1995年世妇会后，学术界的研究、社会组织的兴起，也承担了很多推进男女平等的工作。

我与世妇会的这种"距离"也让我能够基于知识分子的独立性和批判精神，审视性别研究的问题。记得当时有一个杂志叫《方法》（现在已经没有了），是一个社会文化评论方面的杂志。我写了一篇如何从学术角度讨论女性主义意义的反思文章投给《方法》。写的时候比较担心，因为跟那些一直专注做性别研究的学者的理解相比，我的思考有一定的差异性或者说更具批判性。文章发表后不久，在一次会议中碰到刘伯红教授，她跟我说看到我的文章并且给了积极的评价，这实际上对我也是一个鼓励。

我涉猎的领域比较广泛，后来对一些领域的研究慢慢地少了，但是科学史与女性主义的研究我一直坚持下来，我觉得女性主义独特的视角和见解，是对传统力量的一种解构，跟后现代有一定的契合性。近几十年来，很少有一个学术领域、思潮、派别，能够像女性主义一样，产生如此广泛的冲击力和影响，在差不多所有传统学科和新兴领域都有广泛的渗透。这也表明了女性主义自身的价值，女性主义有其特殊的视角、方法，有学术意义，能够带来很多有新意的成果，这正是我坚持的动力之一。

另外，在接触女性主义的同时，我也认识到女性主义不是一个纯粹的学理知识，有着很强的意识形态色彩，有着社会意义上的公正、正义内涵，注重社会参与和社会行动。现实社会中的男女平等状况的不太理想，恰恰是需要改变的驱动力，也是激励我持续研究的动力。

反思：科学史、男性身份等尚需深入研究

就科学史而言，传统的科学史研究是没有性别视角的，而我们说的科学史是有人参与的历史，有人的问题，就有性别的问题。但是纵观中外科学史，女性科学家很少。理论界对这些问题的关注很早，在女性主义思潮发端之前，理论的解说都是站在当时的立场上，而女性主义思潮出现以后，我们的思路打开一些了。但是从科学史切入性别研究，这些年很难说有一个质的飞跃，只是有一个积累性的进展。

基于性别视角的审视，从科学史看到了很多过去看不到的东西，但是相关研究也需要新的推进。我曾指导学生做了居里夫人的研究，探索科学史界、科学传播界乃至公众，对居里夫人的理解是怎么形成的、怎么建构的，为什么会有这样的理解。为此，我们从有关居里夫人的各种传记的翻译、介绍中寻找答案。研究结果发现，这么多年来社会对于居里夫人的理解有很多的变化，早期的理解缺乏性别视角，居里夫人仅仅是一般的女性科学家，而后来的居里夫人传记就有了性别视角的思考，相应的传播和影响情况是不一样的。而问题在于，居里夫人是不是理想的女性科学家解放的样本呢？居里夫人的形象建构对于女性发展起到了多大的作用呢？这些都需要我们更全面的研究和更深刻的认识，当前的研究依然存在诸多的欠缺。

此外，作为一名涉猎性别研究的男性知识分子，男性身份的意义也需要反思性研究。有人强调因为女性之间有共同的生命体验，所以女性才能理解女性的感受，女性才能更好地研究女性。但是我认为，站在男性立场上看女性问题、站在女性视角上审视男性问题，确实可能有其局限性，可从另外一个意义上来说，站

在男性立场上研究女性问题，又有其独特的视角。因为，性别平等的研究，虽然源于女性研究并以女性视角切入，但最终会超越女性研究。所以即便从最一般的策略上，也应该团结一切可以团结的力量，而不是预先将男性排除在女性研究之外。女性主义可以超越这个认识误区，女性问题不是女性自己的问题，也是包括男性在内的社会问题，我们需要以性别视角去研究女性问题、男性问题以及社会结构问题，最终的目的并不仅仅限于性别领域，而是带来全人类更好的发展。

性别视域下如何看『整容』技术的流行 *

> 此文原刊于2018年2月27日《中国妇女报·新女学周刊》，与章梅芳合写。

时下，我们常常在各种媒体上见到关于整容的话题，内容多半是哪位明星、哪位网红整成了锥子脸，或者哪位明星的脸又肿了歪了，下巴又掉了，或者是又有哪位女性整容失败，变得面目狰狞甚或丢了性命，如此种种。在网络媒体发达的今天，这类新闻已变得司空见惯，整容早已成为公众茶余饭后的谈资。事实上，整容这事儿古已有之，并不新鲜，西方的一些女性主义学者业已对整容一事有颇多研究。然而，当整容在当下的中国变成某种时尚时，对它进行严肃的学术研究尤其是性别视角的分析，依然将是十分有意义的工作，这也应该是女性主义或性别研究中非常值得关注和研究的问题。

对于整容的研究，应该是跨学科的。它会涉及审美、文化、经济，当然也直接涉及医学。而且，首先就是对一个非常典型的于科学和技术更带有反思性的STS问题。

传统中，国内STS领域对大科学、大技术的社会问题比较重视，而对普通公众日常生活中遭遇的具体技术问题则关注较少。这同样关涉学界对科学技术的理解，某种程度上也是科学主义观念的一个延伸反映。事实上，STS研究更需要关注的是日常生活实践中的科学技术与社会的互动。近年来，国内科学实践哲学、人类学、女性主义学界均开始倡导地方性知识研究、日常技术研究，这是一个新趋势，整容或可成为其中案例研究的选题之一。

虽然国内社会学、历史学、性别研究等领域的一些学者已将"整容"作为学术研究的对象，但很少有人深入讨论其中涉及的整容科学与技术问题，很少有研究去挑战整容科学与技术本身的合理性。

从STS和性别视角去研究整容问题，有哪些可能的切入点呢？首先，在过去，整容更多被视为社会话题和娱乐话题，只有改变了科学主义的立场，不再秉持那种将科学和技术本身和其应用之间的"内在"解释与"外在"解释割裂开来的立场，同时必须考虑到性别因素（这是由于这一话题直接涉及的现实所决定的），才可能对整容问题真正做出有价值的STS研究工作。只有在这样的基础立场之下，这才将是一种跨越学科界限的研究。其次，就整容来说，可以研究的子问题（包括这些问题形成的背景），是非常之多的。中国有句古话，叫"女为悦己者容"。这句话中，就已经包含了诸多可分析的内容。比如，为什么不说"男"为悦己者容呢？显然，只有从性别视角，才可以看出其深意。而基于医学发展而出现的现代整容技术，恰恰是在并不质疑"女为悦己者容"这种说法的价值判断的前提下，为之提供了一种有力的技术支撑。再次，科学技术话语在整容广告、整容手术、整容相关的社会舆论与影响等方面起到的强势性权威作用，整容与商业资本、社会性别观念、消费文化之间复杂的关联和互动也都应受到关注，应该深入细致地梳理并揭示这些隐秘而牢固的关联。

一些西方女性主义学者早已关注具有父权制特征的整容手术对女性身体自主权的剥夺和控制，他们认为女性是商业资本、男权文化及其审美需求的被动牺牲者。当然，亦有另一些人的研究则注重强调女性主体的自主性，认为她们试图通过整容获得新的身份认同，从而实现改变自身境遇的目的，她们的行为是一种主动性的、有效的策略。类似于对辅助生育技术、赛博格等问题的讨论，女性主义常常在技术乐观主义和技术悲观主义这两极之间摇摆。

在 STS 视野中，科学技术的手段，通过像医学、日用化工等领域的成果，完全可以成为一种反女性主义的帮凶，以女性主义的立场来看，也可以说是某种残害。当然，即使不谈女性主义，在一般的伦理判断中，由于资本的驱使，再加上种种体制上的问题，尤其是在整容领域，以科学技术的名义而构成对女性的身体在日常意义上的残害，也是很常见的。

除了技术手段的问题，还有更多的性别立场问题。在现实中，在和一些女性谈及女性主义对于像整容（其实广义地也可以将化妆等类似的但在程度上有所不同的技术方式包括进来）问题时，她们会争辩说，她们整容并非是为了别人，并非是为了取悦男性的审美，而是因为通过整容等手段让自己变得更漂亮，会让自己的心情更愉悦，从而使自己的生活更加美好。

但对于像这样的说法，其实也还是可以进行一些分析的。

例如，就像在女性主义研究中，经常可以遇到的一种被有些人混淆的情形一样，其实许多身为生理性别女性的人的看法，并不天然地就是代表女性主义的立场一样。女性主义并非天然地因女性的生理性别而产生，反而是需要通过反思、研究而出现和传播。这恰恰是女性主义学术研究的必要性之一。

在承认我们的社会整体上仍然是一个父权制的、男性中心的观念占主流地位的社会的前提下，不论男性还是女性，经常会潜移默化地、无意识地接受许多在实质上是男性中心论的意识和观念。甚至于，连何为漂亮的审美标准，也是如此。但一些生理性别为女性的人，对此并不一定有明确的意识，反而以为是在以女性的自主来控制着自己的行为和身体。

与此同时，在现实的女性主义研究中，似乎还存在另一种可能是有问题的倾向，即一些学者总是试图将某种女性主义的立场和解说不分语境地一并用于改变现实。这反而可能会带来一部分女性（更不用说男性了）的某种抵制心理。也就是说，在一种多元化的立场，女性主义的某些解说和分析，也并不一定要以另一种新的、一元化的方式在现实中成为另一种一统的中心理论。但这种立场如何能够比较恰当地应于整容问题，其实也还需要进一步的研究。

其实，"美丽的标准"有很多种，只有当无论胖瘦，无论肤色黑白，无论单眼皮双眼皮，无论锥子脸国字脸，都可以自然、自在地存在，并被赋予不同样的"美丽"定义，女性大概才不必刻意通过整容手术去实现某种标准化的"美丽"。在此背景下进行的整容行为，可能才是真正具有自主性的表现。类似地，比如，在异性恋意识形态之中，同性恋被视为"不正常"和"病态"，同性恋群体的坚持与维权绝非要求所有人都是同性恋，而是希望同性恋能与异性恋获得同样的社会认可与尊重，而不是被妖魔化。实际上，类似缠足、减肥等问题，道理皆是如此。

但在现实中，一些女性主义者确实是有某种力图让某种女性主义的主张一元化的倾向，从而显得比较激进，反而影响了一般公众对于女性主义的接受，甚至于还可能带来某些误解和反感。这也可以算是在女性主义研究和传播中存在的而且需要解决的问题之一。

杰出的女性科学家*

> *此文系为接力出版社2018年出版的《无所畏惧：影响世界历史的50位女科学家》所写的序言。

在面向公众进行科普的图书中，有一类读物很受读者的喜爱，这就是介绍著名科学家的传记类图书。但有心的读者会发现，在这种介绍科学家的读物中，涉及女性科学家的比例是很小的，有时，女性科学家甚至在这样的读物中隐而不见。

为什么会这样呢？其实，不仅在科普读物中是如此，在我们身边的所见所闻中，差不多也是这样。我们知道，女性占人类大约一半的比例，为什么在许多场合，尤其是在科学技术领域中，男性和女性在其工作成就上，以及在人们对其工作成就的认可上，会有这样的不对等呢？

于是，一些研究性别问题的学者，开始对这种不平等现象进行了深入的研究。一些比较早期的研究认为，在科学领域，很少有著名女性科学家的原因，一是由于性别歧视，使得人们认为女性不适合从事科学工作，因而影响了许多女性的职业选择，二是即便女性科学家做出了重要的科学贡献，仍然是由于性别歧视，使得人们对其的承认也要大打折扣。因此，摆脱性别偏见，正视并且宣传女性科学家们的重要贡献，会有利于实现性别平等。

读者面前的这本书，基本上就是体现了这种性别研究早期观点的读物。作者收集、整理了众多在科学技术领域中做出了重要贡献的女性科学家的信息，以通俗易懂而且图文并茂的方式，向读者介绍了这些少数比较知名但更多是陌生者的女性科学家的生平和成就。

对于女孩们来说，这是一本非常有益的读物。因为按照性别研究学者的观点，恰当的性别意识的教育和普及，尤其是对于女性来说，会对其人生和职业选择，以及世界观的形成，都有重要的积极影响。在今天，社会上关于女性天生智力不高、不适合学习和从事科学工作的观念仍然非常流行。试想，如果女孩在各类科普读物中都很少看到女性科学家的身影，不是会更为加强这种在性别方面的偏见吗？

因而，阅读像这样的介绍女性科学家的读物，会让女孩们极大地增加自信心，建立起性别平等的意识，这对于她们以后的发展会有非常重要的意义。甚至对于作为其长辈的成年人，对于男孩们，这也会在一定程度上改变他们对于女性的认识。

正像前面所说的，这本书还只是一本表现了性别研究早期观点的普及读物。关于性别问题，研究者们还有许多更有意义的新理论和新观点，这些理论和观点对于消除性别偏见和实现性别平等，对于更为合谐和理想的社会发展，甚至对于理解科学技术本身，让其更好地造福人类，都有着重要的意义。但作为一个起点，阅读这本入门书，恰恰可以为以后思考这些更重要的问题打下基础。

中国妇女的环保实践与本土特点*

此文原刊于2015年第7期《绿叶》杂志，与章梅芳合写，这里略去了原文中的参考文献。

一、引　言

妇女与生态问题自20世纪60年代进入西方公众视野，随着第二次女权主义运动浪潮的推动，越来越多的女性参与到环保运动之中，并逐渐形成关于"妇女与生态"研究的女性主义学术分支——生态女性主义。生态女性主义理论自提出之后，经历了强调女性与自然之间天然关联的本质主义阶段，以及从社会性别视角探讨对女性的压迫和对自然的统治之间的内在关系的阶段；随后，第三世界生态女性主义进一步综合后殖民主义视角，强调对妇女和生态问题的分析还必须考虑全球化背景下资本主义的掠夺问题。这些研究的共同点在于，它们均强调了妇女参与环保实践对于女性和生态的双重意义。

20世纪90年代，尤其是1995年联合国第四次世界妇女大会在北京召开，使得女性主义理论思潮在国内学术界产生的影响越来越大，一批国外女性主义经典著作被翻译成中文。其中，关于妇女与环境的研究也开始受到重视。近些年来，随着全球生态环境的恶化，中国政府力倡生态文明建设。在此背景下，我国大众媒体上出现了越来越多的关于妇女环保实践的新闻报道，相关的学术研究亦逐渐成为热点。但是，目前中国妇女参与环保的现状究竟如何？中国妇女环保实践有哪些本土特点？大众媒体和相关学术界又是如何看待妇女和环境的关系的？这些问题，目前均未得到深入讨论。然而，尝试分析和探讨这些内容是发现问题、解决问题进而实现生态文明建设和促进社会性别平等双赢的前提。

二、我国妇女参与环保的现状

我国对环境问题的关注始于20世纪70年代，但对妇女与环境关系问题的研究起步较晚。1992年由国家科委、全国妇联和联合国经济社会发展部、联合国妇女培训中心联合举办了"妇女在环境与可持续发展中的作用国际研讨会"，讨论了妇女与环境的关系，提出妇女参与环境建设的建议，这是20世纪末我国在妇女与环境问题上的一次重要的实践进展。近几十年来，我国的环境保护事业取得了诸多成就。但同时，由于长期以来实行以政府管理为主，以行政管制为主要手段，辅以司法手段为构架的体制，我国公众包括妇女对环境事务往往容易形成不太关心的局面，认为保护环境应是政府的职责所在，在缺乏正式参与制度与程序保障的情况下，公众往往缺乏参与环境保护的基本途径。在此背景下，我国媒体所见妇女的环保实践主要表现为以下四种类型。

1. 全国妇联组织主导的环保实践活动

调研表明，我国大多数普通妇女参与的环保项目和实践活动主要是在妇联组织主导下进行的。1995年以来，我国妇联组织开始将环境宣传教育活动作为主要工作之一，为妇女参与环保提供了平台，全国妇女在其宣传教育和具体环保项目的推动下，自觉或不自觉地参与了国家的环保事业。其中，由全国妇联和国家林业局联合开展的"三八绿色工程"在20世纪90年代逐渐发挥了越来越大的社会影响力。利用妇女组织的网络优势，妇联发动城乡妇女植树造林，改善生态环境。在此项目的推动下，全国各地营建和发展了一批"三八"林果基地和林产品加工项目，每年约有1亿城乡妇女参与义务植树、各种防护林体系建设和小流域治理。目前，"三八绿色工程"被认为是我国妇女参与造林绿化人数最多、范围最广、效果最好、影响最大的一项活动。

除此之外，妇联组织还在各地开展了一系列妇女环保宣传教育项目，如"妇女·家园·环境""绿色家园""节能减排家庭社区行动"等，包括"抵制白色污染·重拎布袋子""低碳家庭·时尚生活""妈妈环保志愿者"等各种形式的环保实践活动。1999年，全国妇联因为在发动和组织妇女参与环保活动方面取得的成绩，受到联合国环境规划署的表彰，获得"全球500佳"荣誉称号。基于妇联的立场，这些活动旨在提高广大妇女的环境意识，普及环保知识，动员她们积极参与环境事业。而作为公众的普通妇女，在各级妇联组织的系列活动中，是通过参与环保实践活动接受科普教育的对象，她们更多的时候是被动参与到妇联组织的环保活动之中。这应该是中国妇女作为公众参与环保事业最常见的类型。

2. 为生存和经济发展而进行的个体环保活动

在媒体上得到广泛宣传的妇女环保人物典型，常常是为了摆脱贫困或创业致富而不自觉地参与环境保护事业。在这类女性当中，得到最多宣传和报道的典型人物为牛玉琴和殷玉珍。这两位身处沙漠地区的农村妇女为了摆脱生存环境的束缚，改善家庭生活，走出贫困，均选择在极端恶劣的自然环境下开展治沙活动。她们经历了重重困难，最终分别植树造林数万亩，分别获得全国"三八"红旗手、全国"三八"绿色奖章等荣誉称号。另一些农村妇女将个人创业与环保结合起来，例如王淑萍、杜茂珍、陈运媚等。这些妇女的环保事迹主要是承包荒地植树造林，经营苗木和花卉，带动当地妇女就业，同时为绿化做出贡献。她们为此在全国妇联联合其他部门开展的"双学双比"活动中获得"全国十大绿化女状元"的称号。从某种意义上看，这些妇女的工作重心是经济创收而非环保。"双学双比"活动的主要目标也是科技兴农，对农村妇女进行文化科技培训，同时组织适合妇女特点的生产竞赛。

无论是治沙的牛玉琴、殷玉珍还是创业致富的农村妇女，共同点在于其参与环保实践的动力主要是出于生存压力，或为了实现经济创收，在此过程中无意识地为国家的环保事业做出了贡献。她们在被广泛宣传的同时，提高了个人的环境意识，但依然面临着发展、创收与环保之间的内心冲突。她们的环保实践与妇联系统的组织工作有着或直接或间接的联系，或者本身就是妇联组织活动的一部分，或者被作为先进典型纳入妇联和国家的环保话语系统。但从性质上看，这些普通妇女的环保实践在背景、起因和自觉意识等方面均与西方生态运动中涌现出来的普通妇女环保活动存在较大差别。

3. 提供技术支持和决策咨询的职业环保实践

另一类在大众媒体上展现较多的环保妇女来自从事环境科学研究的女科学家，如中国工程院院士唐孝炎、钱易，中国科学院生态环境研究中心研究员王爱杰、清华大学环境科学与工程系教授黄霞等。其中，唐孝炎院士曾担任联合国环境署（UNEP）臭氧层损耗环境影响评估组共同主席、中国环境学会副理事长、教育部环境科学教学指导委员会主任等职务，钱易担任全国人大环境与资源保护委员会的副主任、世界资源研究所的顾问委员会委员、中国环境与发展国际合作委员会委员等，王爱杰和黄霞都是教育部长江学者奖励计划特聘教授。

以她们为代表的女性科技人员的环保实践主要体现在新兴环保技术的研发、相关环境技术标准的制定，乃至为国家环境保护政策的制定和实施提供决策咨询三个主要方面。其中，第一个方面是其职业工作的一部分，后两个方面是其职业领域影响力的延伸。她们在自身的专业领域具有一定的造诣，并因此对全球范围内的环境问题有较深入的认识，并能发挥自身的专业影响力，在环境技术评估和政策制定等方面发挥积极作用。从某种程度上看，这些女性的环保影响力目前主要局限于环境保护科学领域，其社会影响仍需进一步扩大。一个较好的做法是成立相关领域的女性科学家行动网络，在加强学术交流的同时做更多的社会环保宣传、教育和实践活动。目前，已有的相关组织如成立于1998年的中国环境科学学会妇女与环境网络，还须在整合不同学科和行业之间妇女环保力量的同时做更多的工作。

4.创办和参与环保NGO的社会环保实践

不同于大多数被动响应妇联组织号召进行节水、拎布袋子、绿色出行等环保实践的普通妇女，不同于为生存发展和经济创收而选择环保相关工作的城乡妇女，也不同于以环境科学研究为职业的女性科技人员，环保NGO的女性创办人和参与者是另一类较为特殊的群体。其中的佼佼者如"北京地球村环境文化中心"创办人廖晓义、"绿家园志愿者"创办人汪永晨、"山水自然保护中心"发起人吕植等。她们原来的职业身份分别是教师、记者和科研人员，但在职业生涯中将主要甚或是全部的精力投入环保事业。她们带领组织开展了多种形式的环保活动。如廖晓义自费拍摄环保纪录片，独立制作环保电视节目，撰写环保普及读物和宣传品，提出和推进绿色社区推广方案，摸索"生态保护、环境教育、乡村建设、民俗旅游"四位一体的乡村可持续发展模式，建设乐和家园等。汪永晨制作环保广播节目，出版环保书籍，开创"绿色记者沙龙网"，开始"黄河十年行""江河十年行""绿家园乐水行"，致力于推进环境信息的公开化，推进环境公共决策的科学化和公平性。吕植是从事大熊猫野外种群的生态学、社会行为学、保护生物学和分子遗传学研究的女科学家，她创办山水自然保护中心，专注于在中国西部乡村示范人与自然和谐相处的最佳实践，倡导生物多样性，传播环境保护理念。

这类女性的环保实践的动机往往建立在对环境问题的自觉认识上，出发点是对自然的尊重和对人与自然和谐发展的向往，在环保实践中具有较强的积极主动性和利他性。这些NGO的女性创办人属于环保事业的积极倡导者和社会活动家，她们试图通过媒体、教育、社区实践等多个层面来推动我国公众环保理念和实践的发展。在这些环保NGO中，还有很多的女性志愿者，她们往往也具有较强的环保意识。从人数规模上看，这类女性不占多数，但已开始在社会上发挥积极的影响力，甚至对政府的决策产生了重要影响，例如都江堰上的杨柳湖建坝项目、怒江水坝建设项目在"绿家园"等NGO的努力下得以中止或暂缓。

以上是我国媒体报道和学术文本中描述、讨论妇女参与环保实践最为常见的四种类型。需要说明的是，这并不意味着我国开展环保实践的女性只有以上四类。事实上，还有很多女性活跃在政府部门从事相关的环境行政管理工作。她们主要来自中央和地方的环境行政管理机关，包括环保部、各级地方人民政府及其环境保护主管部门等，虽然在领导层和决策层的人数不多，但仍然为我国的环境立法、规划、决策、监督和管理做出了努力。此外，还有很多从事人文社会科学研究的女学者，关注环境问题的女企业家、女记者、女明星在环保理念的宣传普及乃至环境执法监督等方面发挥了重要作用。在此，之所以不纳入专门类别进行讨论，是因为相比于以上四种类型，相关媒体报道尤其是学术文本并不占多数；并且，其描述和分析的重点往往在于展示个人的职业成就和社会责任感，而较少关注妇女与环境的关系问题。

三、我国妇女环保实践的本土特点

20世纪60年代末，美国公众包括妇女广泛卷入环保运动的潮流，他们以游行示威、街头抗议、集会演说等各种形式表达对环境的关注和对现状的不满。随着环境问题的日益严峻和女权运动的推动，世界各地的普通妇女也积极参与到环保运动中，并发挥了重要的作用。与西方妇女生态运动的背景和形式不同，中国妇女的环保实践有其自身的本土特点。

1. 妇女参与环保的方式、范围十分有限

在西方国家，环境保护的公众参与方式较为多样，包括听证方式、行政复议和诉讼参与、环境磋商方式；参与范围亦十分广泛，从末端参与到预案参与、过程参与和行为参与，从环境侵权诉讼参与到环境政策、方案和行动计划、环境影响评价的制定参与，只要牵涉与环境保护的有关活动，都能听到公众的声音。公众参与已经是环境决策和环境管理中不可或缺的因素，公众的意见也已被政府决策广泛采纳与运用。比较而言，我国公众包括妇女在环境保护方面的主要参与形式是行为参与，环境问题听证会的参与形式尚不普遍，公众包括妇女在环境政策、方案和行动计划以及环境影响评价方面的影响力微弱。

依据上文，从相关媒体、学术刊物刊载的有关妇女环保实践来看，主要描述和讨论的是我国妇女或通过参与植树造林、家庭节能减排，或通过研发环保科技、宣传环保理念，或通过创办环保NGO，进而为生态文明建设做贡献的故事。相比之下，关于妇女环境维权、妇女参与环境决策、环境管理等方面的报道和探讨却寥若晨星。在上述几种类型的妇女环保实践之中，能较多参与环境决策和管理的主要是政府环境管理部门、全国妇联的相关领导、从事环保科技研发和评价的科学家，以及部分NGO的创办人。然而，仅从环保部、中国环境科学学会、中国工程院环境与轻纺工程学部的成员性别数据来看，女性在决策层、高管层的人数依然十分有限。

2. 大部分普通妇女环保意识弱，环保实践具有很强的被动性

在我国，从妇女环保实践的参与人数来看，基于对环境问题的关注而创办环保NGO的女性属于凤毛麟角。职业女科学家在

环境科学研究方面取得了杰出成绩，但职业成就和环保意识之间并不能简单地画等号，真正具有强烈的环保意识并切实能参与和影响环境规划和决策的女科学家人数依然十分有限。客观地看，尽管全国有数万亿普通妇女在妇联组织的倡导、宣传、指导和逐级组织下加入妇女环保项目和环保活动，但这也并不能说明中国妇女已经具有很强的环保意识；相反它只能表明妇联组织具有一定的环境意识（尽管可能主要是为了配合国家战略导向和相关政策），而大部分普通妇女仍是需要被宣传、组织和动员的。正如有学者提出的，妇女只是被动响应政府相关单位和妇联组织号召来参与活动，至于这些活动是否有利于提高妇女的环境意识、能动意识，是否能够促进妇女主动参与环保，是否增强了妇女权利，是否有利于性别平等与妇女发展等问题，目前尚缺乏有效的评估。

甚至一些性别统计资料显示，我国妇女公众的环境意识相对男性较弱。例如，1998年国家环保总局的公众参与环境保护调查数据、2003年中国综合社会调查（城市部分）数据、2004年北京地区2000余户居民的入户调查数据，均表明中国男性的环境意识和对环境的关心度高于女性。有关农村妇女环保意识的调查进一步表明，被调查的农村妇女普遍缺乏环保意识，对环境保护重视的程度非常低，这与其文化教育程度和家庭经济状况相关。其他的研究也指出，由于妇女文化水准低，在农村约有40%的人不知道环境保护，摆在中国妇女组织面前的问题是如何使广大妇女摒弃资源无限、只追求经济增长的观念，树立经济与环境协调发展观念，树立"保护环境，人人有责"的观念。

3. 传统与现代两种环保理念并存

在环境问题上，无论是持人类中心主义还是持非人类中心主义立场的人士，都强调人与自然的和谐共生和经济的可持续发展。然而，实现人与自然和谐发展的方式多种多样，上述不同类型的妇女环保实践折射出两种不同的环保理念。一种是强调普及和宣传环保知识的重要性，希望通过倡导绿色生产、绿色消费和绿色科技来解决现有的环境问题。在此背景下，提高妇女尤其是农村妇女的受教育程度和环保意识成为全国妇联组织妇女环保工作的重点之一。与此同时，开发新能源和研发绿色科技产品，被认为是科技界女性参与环保的重要途径。另一种则是转向中国传统文化资源，强调中国乡村在环境保护方面的悠久传统。如廖晓义提出："正是西方文明过度消耗资源的生活方式和生产方式，才造成了对环境的巨大影响；……我曾经致力于将西方的环保经验介绍到中国，但现在我更愿意从中国传统的文化和道德中寻找力量。"吕植也提到，在藏区我打开了眼界，看到了文化传统和信仰对生态保护的巨大作用，有时候比劝说和法律都有效，这也是西藏的生态和野生动物保护得好的重要原因。

在前一种环保进路中，运用科技改造自然和谋求经济的稳定发展依然是被关注的重要内容，需要转变的是改造和发展的方式，以实现人与自然和谐相处。后一种环保进路更易触及对人与自然关系的基本看法，涉及对现代生活方式和工业文明发展模式的反思。其中，廖晓义、汪永晨便在2005年国内关于"敬畏自然"的争论中积极发声，强调人类对自然应有敬畏之心。如同卡洛琳·麦茜特（Carolyn Merchant）在《自然之死》一书中所揭示的，自然观念及与之相关的文化传统与信仰，直接影响人类与自然的相处方式。传统与现代两种环保理念的并存，在某种程度反映了对文明和发展的不同态度，及其在当下中国生态文明建设中的复杂互动。

4. 环保中的性别问题较少得到关注

不同于西方妇女生态运动往往与妇女解放运动相结合的状况，我国妇女环保活动和关注性别平等、妇女发展的其他活动结合得不够紧密。如上文提及的，国内妇女环保报道中的妇女可分为两类，一是来自环境保护领域的女性精英，包括女领导人、女科学家、女农民企业家、女劳模、NGO女领导人等；二是环境意识等待被唤醒的匿名普通妇女集体。其中，前一类报道主要是通过介绍和描述这些女性精英在环境决策、环境科研、环境创收（包括植树、花卉养殖等）、环保观念教育等方面的事迹，强调她们在环境事业上做出的贡献，进而阐明妇女是我国环保和生态文明建设的"主力军"。后一类妇女叙事则通过描述和介绍妇联组织主导的环保宣传教育活动的成效，指出普通妇女通过参与这些活动实现了环境意识的提高，进而强调妇女是生态文明建设的"生力军"。

从根本上看，这两类妇女叙事表明，我国妇女环保实践的主旨和相关的话语依然强调的是妇女对环境保护做出的贡献，而较少关注通过参与环保实践，妇女自身是否能够受益，是否能得到更好的发展。正如有学者所言，妇联组织的宣传教育活动对妇女自身的发展关注不够，忽视了妇女的内在需求，妇女只是被加入环境与发展进程中，在某种情况下参加环保成了妇女的额外负担。理论上看，环保涉及妇女脱贫、妇女教育、妇女健康、妇女就业、妇女参政、妇女人权等多方面的问题。妇女环保活动必须关注社会性别视角，妇女在环境治理与保护方面有义不容辞的责任和义务，同时也有不可忽视的权利。现有的妇女环保实践活动的出发点或者至少是相关的报道和描述，较多强调她们的环保义务和责任，而较少关注她们的性别需求和环境权益。真正将妇女贫困、发展、权益维护等问题与环境保护活动结合起来，将能提高妇女参与环保的积极性。

四、余 论

整体而言，我国各行各业的妇女以不同形式广泛地参与了国家的环境保护事业，确实为生态文明建设付出了努力，做出了贡献。相比于西方妇女生态运动和环保实践，中国特殊的经济发展模式、环境管理体制和妇女发展状况等国情综合作用，使得我国的妇女环保实践呈现出上述本土特点。这些特点既涉及环保和性别平等的思想观念，亦涉及环境保护的实际参与方式和有效性。

从思想观念上看，我国政府、学术界和公众均在不同程度上认识到妇女在环境保护中的重要作用。然而，关于妇女与生态之间关系的解释，却在很大程度上依然强调妇女与自然、环境之间存在天然关联，且这一关联源于女性特殊的天性和母性关怀。这一解释模式强调女性的生理特点及养育后代的特殊使命、细致敏感的特性，使得她们对环境具有更敏锐的观察力，天生更为关爱环境。这一思想观点的不足在于，假定女性具有某种基于生理基础的本质特征，很容易陷入女性主义所批判的生物决定论的窠臼，容易将女性和自然本质化，将女性和自然的关系非历史化。从实践上来看，我国妇女环保实践主要是在可持续发展和生态文明建设的国家话语下进行的，对于妇女环保实践的解释话语亦是以生态文明建设为主导。相关的大众媒体和学术文本在强调妇女在环保方面的必要性、优势和贡献的同时，忽视了妇女的环境权益。"责任""义务""作用"成为妇女环保实践的关键词,而"权利""权益""发展"却在某种程度上被遮蔽,这不利于妇女环保实践的长远发展。从这个角度来看,将包括性别平等在内的环境公平问题纳入生态文明建设的考量,阐释生态文明的社会性别内涵,无论在理论上还是在实践上都将对妇女环保实践产生深远影响。

性别与自然：生态女性主义漫谈 *

*此文根据2015年3月7日宁波市图书馆天一讲堂讲座的现场录音整理而成。

大家好，很高兴有机会在这儿讨论这样一个问题，而且又是在这样一个特殊的日子。我们知道今天讲堂的组织者选择了这样一个题目，因为明天就是三八妇女节，题目就跟这个日子有关。除了性别问题，谈这个话题，也有别的意义。大家可能也会觉得有点儿奇怪，刚才主持人在那儿说今天我们要讲一个关于生态女性主义话题，但今天的演讲者居然是一位男性。其实我们讲的话题是非常重要的，对于我们自身和社会环境各方面的发展，都有很多启示性的意义。但是我用了"漫谈"这个词，因为就生态女性主义做一个公共的、通俗性的讲座来说，是有一定的难度，因为它本身的概念本是以更为学术的目标来提出的。我会尽可能把这个话题讲得通俗一点。

同时我还要说明，在这之前，对这个话题，也就是说关于生态问题，尤其是关于性别问题，关于女性主义等，在社会上流传着各种的观点，包括由媒体转达的观点。通过媒体，在社会上形成的对女性主义、对于性别的一些看法，经常是有一些偏颇的，给人一种误解。要消除这些偏见，对于我们认识问题才是一个更好的前提。

在这个讲座中，我们分成这样几个部分来说。第一部分，等于是一个铺垫，尽管是铺垫，但还是宁愿占用比较多的时间。因为对相关问题的理解，如果一些前提没有讲清楚，你一下子就跳到生态女性主义，听起来就会有些困难。其实这个铺垫，这些背景也跟我们的主题有关，但是作为背景本身也是非常有意思的，也是很重要。

我们先看一段话。这是女性主义早期的奠基者波伏娃在她的《第二性》这本书中写的一段话，我觉得可以作为开场白。她说："对于世界的表征，就像世界本身一样，是男人们的作品。"他们，也就是波伏娃所指的男人们，"是从自己的立场来描述这个世界，并且把这种描述混同于真理"。这些话描述的，看起来似乎有些极端，但是实际上在后来很长的时间里面，从大家的研究来看，如果我们恰当地进行理解的话，我们认为她说的是有道理的。也就是说，不要把这里所说的"男人"孤立地、简单地理解为单个个体的男性，而是这些男性的一种集体的立场、一种视角、一种看法。那么在这个意义上，这个世界究竟是怎么样的？如果你换一个视角来看，可能你看到的世界就是不一样的。并不是说我们现在主流的，以及在过去曾经是主流的对世界的观察思考解释的方式，就是唯一的，就是正确的，就是真理。当然，波伏娃突出关注是一个性别视角的差异。这一点也跟我们今天的主题有关。

我们再来讲一点基本概念。女性主义是什么？用英文来说就是 feminism，就是这样一个词，但是译成中文以后，在不同的历史阶段，其实是有不同的译法的。比如说过去最常见的是译成"女权主义"，后来，人们也开始使用另一个词叫作"女性主义"，但对应的英文都是一个词。在更早一些时候，当这个词刚被引进到中国时，还有译成"女子主义"的。其实，中文在不同时期有不同的译法，也有这样译的优势，可以让这个概念在不同的语境下更加明确。比如说，过去译成"女权主义"的时候对应的是什么呢？那是 feminism 早期的一些活动，那个时候更多是在争取男女平等的妇女权益、权利，在这个意义上来说译成"女权主义"非常贴切。但是后来随着运动的展开，人们的侧重点开始发生了一些变化，不仅仅是在继续争夺平等的权利，而且开始把性别这样的参考框架、这样一个视角引入人们看待世界的方式中，更多是一种学术性的反思。这个时候如果你还是只强调权利，就会给人很多的误解。这个时候用一个更加中性一点、更可接受一点的译法，译成"女性主义"，就会更贴切一些。

如果按照这样的定义，我们可以说，不管是"女权"还是"女性"，就 feminism 这个英文词，我们说它可以作为一种理论和思潮，包括了男女平等的信念以及一种社会变革的意识形态，目标是要消除妇女及其他受压迫的社会群体在经济社会以及政治中受到的歧视。这个说法其实已经很宽泛了，并不简单的只是一个单纯的性别平等权利问题，但在最开始时，它却是源于这个追求。我们今天社会上其实还有很多偏见在那儿。比如很多人一说到女权主义，联想到什么呢？用今天的话讲，是一些"女汉子"式的"女强人"，让大家不可接受，是想要把这个世界翻个个儿。因为以前固然性别不平等，过去如果是男人对于女性有压迫，是一种不平等，现在就是要完全反过来，来一个天翻地覆的颠倒。其实,这都是一些对女性主义,或者女权主义有偏见的认识。

我们要讲的平等是什么?我们过去的许多做法是值得商议的,值得思考的。我们可以说,男女平等这是一个信念,没错,这个信念是所有的女权主义都拥有的。在理论上,有各种各样的女性主义流派。但在所有流派的女性主义中,都包含了男女平等的这种信念。而且在消除这种男女的不平等的同时,随着这种运动的延伸,它还会带来更多的一些拓展。对于不平等,我们知道,在社会上、在世界上非常常见。除了性别的不平等,我们知道社会上还有很多弱势群体,有穷人和富人,有非常多的既得利益者,也有很多群体在经济上,在社会地位上,在各个方面,不那么强,非常弱势,受歧视,受压迫。对这些不同的人之间、群体之间的不平等,也都是这样的一种运动、这样一个立场所要消除的东西。所以它的目标是要实现在经济、社会以及其他各方面都平等的一个和谐的社会。所以女权主义从一开始就带有非常强的实践导向。

如果我们回顾一下,作为西方意义上的女性主义运动,它的发展历史是很长的。有人称早在19世纪的时候,就出现了第一次女性主义的浪潮。典型的浪潮是在第一次世界大战初期,表现为各种妇女协会的出现。当时的目标是干什么呢?是争取选举权和受教育权,以及就业权的问题。这是一个非常直接、直观的目标,但是也是非常重要的一件事。几千年来,由于社会的发展,在性别问题,在最基本的做人的权利方面,一直存在着不平等。除了就业权和选举权这些非常重要的人权,还有受教育权的问题。比如我们说西方教育的发展,一些著名的大学,像英国的剑桥大学、牛津大学这样一些老牌学校,实际上在当时女生是没有资格在那样的大学里学习的。甚至于,再后来,在开始接纳了一部分女生在那儿学习以后，还有另外一个规定，就算你能来念书，也还有很多约束条件，比如你不能在这儿毕业，拿跟男生一样的学位、文凭。这种局面的改变，甚至一直等要到20世纪，也就是20世纪的早期才慢慢开始有了一些明显的变化。

刚才我们说的是历史，那么，我们今天的情况又怎么样呢？从第一次浪潮发展到现在，已经过了很久了。我们中国也是把性别平等、男女平等作为基本国策的国家，但是恐怕在座的都可以理解，如果各位到了自己念书面临就业，也有子女将要就业的年龄，关于就业，一个最直接的问题是什么？我们今天在就业上，男女绝对是不平等的。我在大学里教书，很多学生毕业以后要找工作，大家会发现男生好找工作，女生不好找工作，为什么？很多地方直接就说我们不要女生。为什么会这样？这首先反映了一种不平等，这个不平等背后又有很多原因。我们也不能说所有不要女生的人天生就是坏人，就是有问题的人，他们也有自身的道理。比如说现在社会的其他机制都不配套，观念都不配套，如果你没有其他辅助性的政策，用人单位招了女生进来，确实可能将来会面临结婚、生孩子以及其他一些影响。如果只是把经济的利益，把挣钱盈利和做好工作放在第一位的话，确实这是一个问题。但是我们的社会要和谐发展，这个时候对于这种群体，在一些政策上，国家就需要有所改变。

接下来，在西方国家，到20世纪六七十年代的时候，也就是说离现在差不多不到半个世纪的时候，出现了被称为女性主义第二次浪潮的发展。第二次浪潮最早也是在美国出现的。这个运动的基调是要消除两性的差别，并把这种差别视为女性对于男性从属地位的基础。也就是说，在女权主义第二次浪潮里，除了表面上直接的不平等问题，人们开始更加注重背后的基础性问题，认为基础性问题不彻底解决，真正的平等无从谈起。基础性问题是什么呢？比如，在性别之间，到底有什么样的差异，差异在哪里？其实这件事我们到今天仍然没有很好地解决，我们过去在追求性别平等时，有一些口号，有一些说法，在今天来看，是值得质疑的。比如说"时代不同了，男女都一样"，男人能做的女人也能做，这是一种非常表面化的、直观的"平等"，而忽视了这样一个现实，即在男性和女性的生理结构、身体条件各方面确实是不一样的，人和人也都是不一样的。我们讲平等，并不是要让两个在能力、生理、心理等各方面有差异的群体，完全去按照同等的标准去做同样的事情。所以说，讲平等，是指一种在权利上、价值上的平等，是在承认有先天生理、心理的差别的前提之下的一种更深层的平等。所以当我们非常表面化、形式化地讲平等的时候，我们就会遇到更多的新问题。

伴随着女权主义第二次浪潮，人们开始关注最基本的问题。女性主义、女权主义从一种政治运动发展成一种学术研究。大家不要轻视这个学术研究。刚才在我在接受记者采访的时候也谈到了，关于学术研究，人们经常有一个观点，认为好像有什么问题，我们就要解决什么问题，但是有时候又发现，其实做了研究以后，问题并没有很好地解决。为什么呢？因为我们没有对问题更深刻的基础性认识。而学术问题恰恰是要解决这点。有了这样一种认识，才能真正促进让一个表面上不平等、不和谐、不理想的问题有一个彻底的消除。女性主义的学术的发展，几乎影响到了我们过去整个传统的学术研究的所有领域。也就是说，从这样一种政治运动当中，派生出了一种女性主义的学术研究。它把那种过去政治研究所带有的基本立场，进一步深化，进一步细化，进一步学理化。到什么程度呢？从20世纪70年代以后，在几乎所有传统的领域里面,都会出现从女性主义的立场进行观照、审视和研究的一些新的流派。如果说过去讲文学、历史等,这个大家还好理解。文学、历史这些东西,我们知道里面有很多讨论性别的题材,有很多意识形态的东西,平等或者不平等,性别的视角如果用在这里面,看起来会觉得很自然。但是,其实不仅仅是文学、历史,对于哲学,对一些在传统中看起来八竿子打不着、挂不上边的那些领域,也都出现了女性主义研究。

比如说,举一个极端的例子。有的研究神学的学者,进行女性主义的神学研究,发现在宗教的信仰里,实际上从性别的意义上来说也存在着某种不平等。我们看,其实如果它作为我们一种意识形态的反映,与我们现实社会相关联,神的系统,如果说我们也曾经将其赋予性别的话,在那里面也不是完全平等的。甚至在另外一些角度,比如说很重要的一个领域,即今天很受关注的国际关系领域。国际关系领域中研究国家和国家的政治、军事、经济、外交的对抗,这里面也开始出现了女性主义的渗透。这个有什么关系呢?如果按照学理的角度,我们也会直观地联想,其实在不同传统中,粗略地讲,不同性别的人看一场战争、看一场争端,其实其立场并非一样。我们说和平,什么叫和平?对于和平可以有多种多样的研究,从不同的性别视角来看,过去理解的那种和平、对抗、争端这样一些国际关系中的概念和问题,其实也不是毫无争议的。在那个领域中,也有一种弱势和强势,有强势对弱势的统治,或者以大欺小、以强欺弱等很多的问题。而在那种情况下,能够真正实现一种理想的国际和平关系吗?所以我们说从女性主义的这个发展来看,是非常有意思的,它影响了各个领域的发展。

用一种纯学理的方式来说,由于女性主义特别重要,它自身内部就分化出很多的不同流派。比如说马克思主义的女性主义、激进主义的女性主义、存在主义的女性主义、精神分析的女性主义，还有后现代的女性主义，甚至于有女同性恋的女性主义，等等。另外一个很激进、很极端的女性主义的流派，也有它自己特殊关注的问题和力量，在诸多的女性主义流派中占有重要的一席之地。这就是我们今天要谈的那个——生态女性主义。它是女性主义流派之一。

这里面我就开始讲几个非常有意思的概念。

一个就是社会性别。社会性别这件事也是在20世纪70年代的时候，在女性主义学理化的过程中发展出来的一个对性别研究非常重要的概念。今天，社会上在讲到女性主义，对这个问题有很多偏颇的误解的时候，很多时候恰恰是由于对女性主义，今天作为它的分析重要出发点社会性别（英文叫gender）概念的不理解有很大关联。人们往往就望文生义，一说男性、一说女性，都是指那个与户口本登记有关的、染色体决定的生理性别。女性主义当然也关注生理性别问题，但更多，其出发点是社会性别这个概念。社会性别是什么？我一会儿再说。这里我只是说，社会性别这个概念成了今天女性主义发展的一个重要出发点和分析框架，对之有恰当的了解，才能够理解女性主义在说什么。

另外一个概念是父权制。父权制是指一个系统，这个社会系统要体现和确保男性和女性之间在权利上不平等的分配，保证了男性在任何的经济社会和政治环境里，都容易获得更多的好处。这套社会传统的观念和这种制度本身，导致形成了现实中的种种不平等。之所以引入和关注社会性别这个概念，就是为了要回答我们为什么会有这样一个父权制度，我们如何才能改变它？

如果说女性主义跟其他的学理研究有什么差别的话，其中重要的一点，是表现在它有非常强的一个实践导向和关注现实问题的导向。女性主义学术研究的基本目标，一是发现在传统上我们有很多被忽略的东西，通过这样一种新的立场和视角去把那些被忽略的东西找出来，然后再有一个批判性的反思。

前面讲得可能有点枯燥，接下来，可以用一个实例来讲，让大家好理解一些。

举一个例子来说，性别不平等表现在什么地方？提出这个问题来，我们先问一下：大家听说过多少杰出的科学家的名字？没关系，有多少算多少，也许我们听说过很多。但我们回想一下，在我们听说这些名字里面，有多少是女性的科学家？而且是著名的女性科学家，因为著名的我们才会听说、才会了解。如果在一个大学里，或者在面对众多学科学的人讲这话，可能就很容易引起共鸣，而在这儿我们不太容易引起共鸣，大家印象可能不一定太深。但是我们可以换一种方式来说。其实不仅仅在科学领域，在其他的很多领域，我们都会发现，在不同职业中性别分布比例都是很耐人寻味的。请注意，我在说科学家时，是用杰出的，或者我们也可以用著名的或成功的这样的限定。

比如，在这个社会中，做饭是一项日常工作。在家庭里，我们传统所谓社会分工最常见的方式，就是家庭主妇或者是女性在家里头操持做饭这件事，她们被认为擅长于此，天天要做的，当然也是熟练的。但是我们再仔细一看，如果把做饭也当成一个职业的话，在做饭这个职业中高端的、成了著名大厨的人里，我们会发现基本是男性。你很少能看见哪个老太太戴着大厨的帽子在饭店里，基本没有。为什么？我们再去看类似的传统分工，做衣服是女性传统的活动。好，但是到今天的发展，做到那种著名时装设计师层次的,是男性多还是女性多?是男性。我们再看,最能形成这种差异和反差的是什么。人类要延续,就要生小孩。过去传统中负责接生的是接生婆。过去传统的接生婆的地位怎么样?过去在等级分化上并没有给接生婆特别高的一个社会地位,但是后来到了今天现代化的过程里面,接生这个事在很大程度被妇产科,被现代医学所取代了,但是你们还是可以仔细看看,在妇产科这样一个专业里,能够当到什么主任医师一级的这样一些专家,男性又占了相当大的部分。

为什么?这个问题在科学界尤其突出,但人们不愿意说这个。其实人们有很多的统计,在一个大学里面,科学专业的女生比例占多少?学科学的女生比例很低,在传统中,更多的女生去学师范,学文学,学传播,学新闻,但是学科学的女生很少。其次,到了研究机构我们会发现女性也很少,拥有更高级职位的教授、研究员的女性比例更少。你们还可以算算,在更高的领域中,国家级的院士里面的性别比例,女性很少,非常少,比例差距非常大。再到国际领域,我们知道国际上有最重要的对科技成就的承认方式——诺贝尔奖。在诺贝尔奖获得者当中女性占多少?一百多年了,也就是两位数,而且也就是几十个人,剩下的男性群体为数众多,占有压倒性优势,为什么?

我们知道,在社会上,两性的性别比例大致是相当的,男人占一半,女人占一半。但在一个具体的领域里面,就做得最好、最杰出的人来说,我们数一数两性的比例,如果出现了这么大的一个不平衡,这就是一个值得关注和研究的现象了。为什么?人们就要解释。其实对于在科学里面这个现象,在不同时期人们对它的回答是不一样的。最早的时候,甚至有人说,女人为什么没有做得这么好,是因为女人笨。甚至于有人在历史上还曾经做过学术的研究来证明女人为什么笨。比如基于人体解剖，人们认为大脑的容量跟聪明程度有关。我们比猪，我们比牛，比什么？我们大脑的脑容量大，所以我们更聪明。但是男人跟女人比，女人的脑容量小。有人说这样学术研究不是客观公正的，就像开始我引用的波伏娃说的那段话，在对世界这个的表征中，这个世界也包括学术研究。在进行学术研究的时候，不是人人能做到完全公正客观的，人们也会受到传统观念的影响。那么，就再找别的原因吧。为什么杰出的女性学者、名流在科学界，在其他领域这么少？于是又有人说，也许恰恰是因为我们过去对男女评价不一致，有歧视。其实女性已经做得很好了，但我们还是会视而不见。所以我们今天要是把这事纠正过来，要重新去审查历史，去看有哪些本来是杰出的女性却被我们遗忘和遗漏。我们再把她们恢复进来。所以这种历史，后来有人称之为补偿性的历史。

这样的工作当然有一些收获。这样的事情大概在20世纪上半叶的时候就有人在做了，但是我们可以想象，即使这样的话，能不能从根本上解决一个科学史中杰出科学家性别比例的平衡的问题？不行。那么这个事就又出了问题。究竟怎么才能够真正更好地解释这个现象，让人信服呢？到了20世纪六七十年代以后，也就是我说的对于女性主义的这种学术研究开始展开的时候，人们发现对这个问题可以有更好的解释。社会性别的概念，也是在这个时候被引进的。社会性别是说什么呢？对于男性和女性，实际上我们有两种不同的理解。一种理解是认为男性和女性指生理上的差别。按照科学的说法，性别是由你的染色体来决定的，不同的性别导致你的外部性征、身体结构的不一样。在户口簿、身份证上登记的性别，就是这种意义上的男性、女性。但是，只用这样一套生理的东西来决定性别，对于这样一个复杂的问题又太简单了。实际上在人们分析的时候发现，还有另外一套性别系统，这就是社会性别系统。

　　什么叫社会性别呢？我们先举两个例子来说。前一段时间，社会上非常流行一个词叫"女汉子"，大家听说过吧？"女汉子"是什么意思？"女汉子"这个词你们不觉得它有矛盾吗？一方面它说"女"，这个"女"其实指的是生理性别是女性的，而"汉子"又应该是男性啊，其实"女汉子"是指这样一种现象，就是说生理性别明明是女性的人，但她们的心理性格、行事方法、思考方式、工作类型、言行举止等，却像男性一样。像什么样的男性？像我们在社会习俗当中被认可的那种男性。在我们的习俗当中，在社会观念里面，对于男性应该是怎么样，女性应该是怎么样，其实是有一些假定，有一些默认，有一些传统的要求的。比如说，认为男人应该很粗犷，很彪悍，很坚强，很善于抽象思维，很理性；女性应该很温柔，很感性，很细腻等。基于这样一些划分，你不能设想一个汉子很温柔、很细腻，那就不是汉子了。过去，很多年前，社会上还曾经流行一个类似的词叫作"假小子"，也是说同样生理性别是女性，但是她做事的方式，却跟调皮捣蛋的男性小孩一样，可以上房揭瓦之类的。从这样的分析中，我们可以看到，其实人们认可的还有另外一套社会性别系统。也就是任何一个人，他所讲到性别的时候，是这两套系统的一个整合。可能在两套系统内保持一种一致性，比如说她生理性别是女的，而且她的举止也符合一般人认可的社会规范，大家认为这是正常的。如果不吻合，人们就会认为出现了反常。对于男性，也会有那种被称为娘娘腔、娘炮什么的，大家认为其生理性别和社会性别不吻合，也认为是出了问题。

　　如果说生理性别，天然地那是由爹妈决定的、自然解决的。

那社会性别呢？它是后天习得的，是后天形成的。如果后天的教育与成长环境出了一些什么问题，就会导致出现一些与生理性别的冲突。在学术的话语分析中，把这个社会性别，跟某些性别特征联系起来。比如说认为男性是理性的，认为男性是客观的，认为男主外女主内，认为男性是公共化的，男性是强调工作的，女性是强调家庭的，如此等等。这在学理上叫二分法。就是说它把一些对立的东西一半分为男性正常应该具有的，另一半分给女性，只有符合这种划分的人，在性别上才是正常的。

接下来，大家再想一想，在我们社会意识形态中，我们会将有些好的东西搁在一起，有些不好的东西搁在一起。比如，有人说你的看法一点儿也不客观的时候，意思是什么？无非是认为客观比主观好。说你不理性、太情绪化了，是认为理性比情绪化好。但是我们知道在性别划分这里，往往是把我们认为属于女性的那些特质的东西划在价值评价上向不那么好的一类，这也是我们的社会现实。这种分类的方式是造成了很多不平等的基础。在科学上，同样也有这种相似性。比如，我们说科学是理性的，科学是客观的，科学是抽象的。这些都跟那个男性的特征，被认为是男性的社会性别有关的那些特点连在一块。而女性的那些什么情感的、冲动的、主观的、抽象的倾向，都是科学比较排斥的。那么好，从那个角度来看，也就是说你要是安分地、按部就班地做一个在社会传统上被认可的标准女性，用我们今天的说法，就是输在了起跑线上。从你性别的界定来说已经不平等了，你怎么能做得更好呢？但是这里又提示我们，这两套东西不一定是非要重合的，不一定非要重合又意味着什么？意味着一个生理性别是女性的人，可能在社会性别的意义上来说并不一定就很女性化，她也可能是按照男性的思维方式来行事。比如就像我们刚才说的"女汉子"那样。

我们举个医学的例子吧。按照学术的研究，一些学者认为医学也是渗透着社会性别的，不管中医、西医，都是这样。就西医来说，我们知道今天面临很多争议和很多问题。西医发展到现在讲究立竿见影，讲究分析意识，把人分为各个器官，哪里有病，可以用手术的方式，去切。当然，它有它的疗效，但也带来了很多的问题。一些女性主义者也开始思考这件事。比如说，当把那样一套渗透了男性思维特征的这样一个医学方式用来保护妇女的时候，带来的是保护还是伤害？是否无论什么有问题的机体都要彻底地以外科手术最精确的切掉为主的方式来治疗？比如，女性容易患子宫肌瘤，我们是见着有了这个病，能切的就切掉子宫，还是尽可能保留对于女性来说最重要的这个器官。女性主义开始重视这个问题，提出要由医学伦理委员会来讨论。但是在这个过程当中人们就发现一个很有意思的情况。在医院里面的医生群体，是一个等级结构非常严密的系统。上级对下级有绝对的指挥权，下级只有服从，而且一层一层地，你要从低往上爬，慢慢才能升上去。过去女性没有学医的机会，逐渐地由于性别的平等化，开始有一部分女性进入了医学院。但是在这样一个男性为主导的环境里，如果你想生存下来，你想成功地往上走，你还坚持着那一套女性的思维，那种特征，你就很难得到成功。于是人们发现，在一个极端的环境下，女性要是顺利地学好、就业，当了实习医生，升上了主治医生，就需要比男性在思维方式上更加男性化，她才能获得认可，获得成功。结果，那些经过标准训练的女医生，切起子宫来比男性医生还要果断。

所以这里面，恰恰还提示我们，不要把天然的性别当作唯一最重要的全部，而我们在社会上遇到的很多问题，包括平等的、不平等的问题，其实除了天然性别的因素，往往跟社会性别的建构有着不可分割的密切关联。从这个角度来说，我们就看出女性跟科学不匹配是很显然的。在过去传统的意义上，如果说认为女性做科学不够成功，老是觉得女性有问题、没有逻辑、太笨、脑子不够用或者其他什么，或者找一些外部的原因，比如说分工什么的。现在调过来了，不说科学是优势的、完全正确的，是你女性有问题做不好，而是反过来讲，如果我们认为女性这样也是正常的话，我们的科学自身会不会也有它的毛病呢？为什么一定要强调那种所谓被认可的客观、理性、抽象，才是最好的呢？按照这种思路，我们眼界就宽了，也能够理解在现实当中，在学术界有这么一种性别的不对等，这是一种说法。但是这还是一般性的分析。

有人开始把这套东西用在历史里面来看今天的科学。这就发现了一些很有意思的东西，可以解释一些我们原来提出的问题。今天对社会发展影响最大的是所谓西方科学。西方科学什么时候出现的呢？是16—17世纪在欧洲最先出现的。今天影响我们生活方方面面的、学校里教授的、学生们所学的科学，主要是来自西方科学传统的知识。而人们一般认为，西方科学在16—17世纪出现了一场科学革命。从历史上讲，关于这场科学革命以及它所带来的西方近代科学，人们过去一致地只认为它是好的、进步的。但是用新的视角来看，比如如果用性别视角来看，这场科学革命又是怎样的呢？人们发现也可以有别的不同的理解，有一些问题可以讨论。

比如说，西方科学在诞生的时候，一个重要的理论要点是什么，是机械论看待自然的方式，也即机械论的自然观。也就是说，那会儿的科学家，包括牛顿这样的人，认为自然界就像一个钟表一样，可以拆分零件，一部分一部分地研究出来，整个钟表就可以理解了。或者说，人们认为它是一个无生命力的，像钟表一样的东西。但是，另外也还有别的流派的说法。在西方历史上，也有曾人认为这个世界是一个有机的、有生命力的、有活力的世界。其实在今天，又过了这么久，我们再来看生态的时候，也出现了另一些类似的观点，比如盖娅假说，认为整个自然生态环境就像有一个有生命的有机体一样，认为自然有它的生命特征。当然，后来随着科学革命的出现和胜利，机械论的自然观占了上风。

我们知道科学史上有一个名人，一个著名的哲学家，叫培根，他当时很有影响力，后来人们发现他曾经说过的一些话，但被人们忽略了。他说，我们研究自然界是怎么研究呢？就像婚姻一样，是一种征服，是把自然界放在家中后院里面去严刑拷打，逼它说出真相。我们还知道，在当时的科学革命中，英国的皇家学会是一个起带头作用的权威机构，牛顿就是这个学会的成员，还当过会长。那里的负责人当时就说，我们皇家学会要倡导的，是一种以男性的哲学作为基础的科学。这就提出了一种可能性，即这套科学系统可能不是唯一的，而且可能有它的问题。

再举一个例子。有一位科学家叫芭芭拉·麦克林托克（Barbara McClintock），是一位美国遗传学家。她在很早的时候，在20世纪五六十年代的时候研究遗传学，当时有很多重要的发现，也很有影响，但是又不是很有影响。说她很有影响，是指她的发现很超前；说她又不是很有影响，是因为她的工作对象和研究方法跟当时主流的遗传学的发展有很大的差别。当时人们已经发现了DNA，大家都在关注分子生物学那种在实验室里面的分子研究，而她的研究却做得非常传统，就用玉米做遗传材料，整天泡在玉米地里研究。但是又过了好多年，到20世纪80年代的时候，人们发现一些更高精尖的前沿研究的结果，跟她的结果有某种共同的属性，到80年代她也获得了诺贝尔奖，当然这对她来说是一个来得非常迟的认可。在这之前，她其实是被冷落的，大家对她的研究方法不理解。有人在她获诺贝尔奖之前就开始关注这个人。这就是美国的一个女性主义的研究者、科学史家，叫伊夫琳·凯勒（Evelyn Keller），她为麦克林托克写了一本传记。这本传记也有中译本，书名叫《情有独钟》。

这本传记中讲了什么呢？其一，认为麦克林托克是一个成功的人士；其二，长期不被认可的主要原因，恰恰在于她在研究当中没有遵循那套标准化、被普遍认可的、最前沿的、（在社会性别意义上）男性化的方法和观念，而且更多依赖于女性的、直觉的、一种情感式的、体验式的，甚至于有些人以不太科学的方式来进行研究。因为这些因素，她没有被学术同行充分承认；但同样因为这些因素，她做出了很重要的研究成果，后来获得了诺贝尔奖。

这个案例提示我们，除了历史上的事例之外，当代的科学研究，在看待世界的方式上，在我们的立场上，也可以有一种性别的差异。除了男性的视角，可能还有另外的替代。这本传记后来成了女性主义对于科学和性别的学术研究的一个经典。但可惜这样的案例研究还是太少。

好，前面大概用了一半的时间，实际上都在讲背景，还没有讲今天我们的主题，但这些背景是更好的理解所需要的一些基本概念，像什么是女性主义，什么是性别研究，什么是社会性别，以及这些概念跟科学，跟各种立场、世界观等的关系。如果对这些内容不理解，上来就讲生态女性，理解起来就会有困难。

现在，我们就进入跟生态女性主义有关的话题，也就是说从性别的角度来看自然和环境。

其实这里又涉及一些长期的探索和一些发现。首先，是提出性别和自然有关。这种关联在我们的语言里很早就有体现，在中文里不鲜明，但在一些外文里面，有一些语种像俄语、德语中，一个名词分成不同的性，分成中性、阳性和阴性。而自然，则是一个阴性的名词。这是一方面。我们经常说大地母亲，没有说大地父亲这样一种传统，为什么？这也是性别和自然在人们意识中的一种关联。在涉及环境和性别关系的早期生态女性主义研究中，首先关注的就是性别和自然的关系。人们实际上在看自然的时候，也是在用一种象征的方式、隐喻的方式去看待自然。当我们说，大地、地球是一个母亲的话，那么她除了作为养育者，连带地，还意味着我们对这个母亲能够做什么，应该做什么，以及不能做什么，其中有很多伦理信息，比如，我们不能随便伤害她。她是一个活生生的、需要我们尊重的对象。这样的观念，在今天看来好像有些不那么科学，但在那些不科学的东西背后，有没有合理的成分呢？我们可以设想，在这样的隐喻式的理解中，对于一个母亲，我们要是在她身上去挖矿，去开采，去掠夺，这合适吗？在伦理的意义上，当然不可以。

我们看看这样一幅画，这是由一位叫居斯塔夫·库尔贝（Gustave Courbet）的法国画家画的作品《泉》。后来有人评价他的这幅画，作为女性主义艺术评论对这个画的分析，我们看是怎么写的："主体——在泉边的一位裸女，以及主题——作为生命之起源的妇女，都是传统的，但库尔贝对妇女与自然的合并则是少见的机智。一位肥胖的妇女坐在水流边。一只手握着枝条，看上去几乎与枝条融为一体，仿佛她就是树的一部分；从半边臀部往上，她的轮廓为阴影所吞噬，从而使自然同化了她的肉体，实际上她与自然就是一体的。她低垂的左腿和右脚浸入水中，从而她和水也是一体的；如此等等，因为库尔贝在她的带起涟漪的大腿和潺潺流水之间创造了一种等效的感观愉悦。"妇女和自然确实彼此相映，因为女性身体的材料就是物质世界。也就是说在库尔贝的画里面，表现了妇女与自然的根深蒂固的关系。在这个等式里，人们传统所说的那种二分法，分配给妇女扮演身体的角色，分配给男人扮演心灵的角色，而身体、心灵和文化有关。

我们看到，像这样一些看法，在早期人们关于自然、关于性别和自然的这种关系的理解中，是极为常见的。但是后来出现一个变化，随着社会的发展，人们不再把自然界看作像母亲一样被尊重的女性形象。自然界被看成没有生命的，而社会性别所代表的女性则象征着一个混乱的、一个需要被控制的、一个狂暴的自然界。我们知道中世纪曾经有一个重要事件，即欧洲曾经大批屠杀女巫，很多世界史著作都非常关注这个事件，怎么解释的都有。但是今天，到了女性主义研究出现的时候，就给出一个新的解释：因为这个时候女性被看成一个狂暴、无秩序的象征，需要被镇压、被管理，当然人们对待自然的态度就不一样了。

很多历史的梳理是早期生态女性主义的一个关注点，但是后来，我们知道女性主义也关注现实的问题，参与生态运动。比如说当代环境运动最早的一个转折点，就是蕾切尔·卡逊的《寂静的春天》这本书。在20世纪60年代这本书被称为环保圣经，从这儿开始，人们开始了对于工业化、科学化、现代化的这种发展模式，对于自然界的这样一种生态的破坏有了警醒。而最终这个立场的形成，又是从女性这里开始的。在此之后，女性对于像核污染、杀虫剂、除草剂、沙漠化等各个方面的环保议题，参与的就非常多了。

再往后的学术研究里，在各种各样对女性和生态问题的研究中，就出现了一种新的看法，认为女性的解放、妇女的平等，和对于环境问题的解决，这两者之间是不可分割的，是一个问题不可分割的两方面。过去，我们一般人认为环境问题有问题了，要解决环境问题，男女不平等，就要解决性别不平等的问题。但实际上这两个问题是一个问题的两个方面，对此，在生态女性主义这个流派出现之前，人们没有很好地理解这一点。也就是说，这里出现了一种从女性生态学到女性主义生态学的研究的转变，即从一个天然性别的女性科学家对生态问题的研究关注，到站在一种理想的女性主义的立场去看待生态的重要性的转变。

这种学说认为，女性和自然的特殊关系，主要不是在生物和心理方面，而是在社会和文化方面，它们都是父权制系统要征服的对象。我们前面讲基本概念时，提到社会中的父权制。父权制作为一种社会系统、一种文化，自上而下对一切问题都有一种控制，控制着对于整个世界的表征和理解。这种控制既导致了性别的不平等，也导致了对于环境的压迫。

也就是说，不可能期望单独的只解决妇女问题，而不解决生态环境问题，也不可能单独只解决生态环境问题，而忽略妇女问题，这恰恰是生态女性主义的一个基本要点。有的学者说，生态女性主义是一种价值系统，是一种社会运动和实践，提供了用于解释男性中心主义与环境结构之间关系的政治分析方法，是一种觉醒，让人们开始认识到对自然的滥用，和在西方文化中男人对妇女和土著文化的压迫关系密切，这也是最简单的说法。

在生态女权主义早期研究之后，后来有一位叫卡伦·沃伦（Karen Warren）的女性主义学者做了更加深入的研究。她提出的一套理论非常典型，代表了生态女性主义发展中的一个重要阶段。她讲的是什么呢？她说，我们有一套思维框架，有一套思维逻辑。在我们看不同事物的时候，实际上有一种相同的逻辑在里面。第一个特点，叫作价值等级思维，也就是说我们习惯于认为事物价值是不一样的，而在价值结构中更高的那个东西、更上层的那个东西，比下层的要更值得我们重视。第二，是有一个二元对立，就是将事物分成排斥、对立的双方。前面我们说，主观的对客观的、理性的对情感的，就是这种二元对立。而且在二元的东西中，一个方面比另一个方面要好。例如，客观的要比主观的好，理性的比情感的要好等。这是价值二元思维的第二个特征。第三，是我们思维里面还有一个惯性的特点，即有一种统治逻辑存在。也就是说，如果有两个东西，这两个东西中，如果A的价值比B高，那么A这个价值高的东西支配这个价值低的B就是合法的、正当的、合理的。这是从我们看待世界、思考问题、采取决策的一种最基本的方式上谈的，认为有这么一些特殊的共性。

对于生态女性主义关注的两个具体问题，我们以这样的思维逻辑来看就显得非常自然。比如说性别，在传统的社会性别里面，认为女性和自然、女性和身体是二分法中的一类，而男性被认为是心智、理智的人的另一类。在传统中，人们认为，自然的、身体的那些东西，跟人的和心智的、心灵的东西价值来比，哪个价值更高呢？当然是认为心智的都是要高于肉体的，过去我们也一直这么认为。我们看在这个等式里面，女性代表的是肉体、身体的那种，而这个东西的价值是低的，女性比男性在价值分类的层次上要低等。按照统治逻辑，价值低的那一方受到价值高的那一方统治，就是合理合法的、正常的，因而男人支配女性是正当的。

实际上这是对性别不平等的一个深层的思维框架的逻辑的整理。这是讲性别，讲妇女。那么，在自然界的问题上，在生态环境问题上，又是怎样的呢？我们会发现同样的思维逻辑和思维框架被运用。人是什么，人有什么能力？人具有能有意识地改变生活的各方面的能力，而植物不行，自然界其他低等的生物也不行，于在这里面就二元地划分开来了。同时，认为有这种能力、有主动性的东西，它的价值在道德上就更优越，这样人类在价值上显然要高于植物、动物这样一些自然界的自然物，高于我们周围的环境。同样，在这个基础上，再应用那个统治逻辑，就得出结论：人支配自然界、利用自然界、开发自然界、剥夺自然界、压迫自然界、榨取自然界，在这个统治逻辑的意义上就是合理合法的。

由此可以看出一个很有意思的事情，也就是说在生态女性主义里面，认为如果我们不从根本上解决思维框架中存在的问题，那么你无论对于生态环境问题的解决，还是对性别平等问题的解决，都不可能有一个根本性的改变。我们要真正改变的，实际上是更深层的思维框架，而具体的那些生态问题，都是表层的表现。生态女性主义对这个问题从一开始就讲得很深入。

好，在这样一个论证中，我们要解决问题，就需要使思维框架有所改变才可以。这是生态女性主义的一些核心的假设，它认为对妇女的压迫和对自然的压迫是有联系的。在这个不可分割的联系当中，理解这些联系的本质，对于理解妇女和自然所遭受的压迫是十分必要的，理解这些，我们才知道压迫的根源在哪里。而实际上，女性主义的理论在这个框架下，肯定是包括一种生态学的视角，而生态问题的解决也必须要包含女性主义视角，这是生态女性主义学说的一个特殊性，这是最核心的观点。

在西方，整个女性主义的发展非常有意思，它先是从西方国家发展起来的，后来又经历了一些转折。后来人们不断对自己领域的发展进行反思，会发现早期那些好像代表妇女的说法也有问题。你能代表全部妇女吗？你只是代表那些最初提出的这些学说的学者的立场，不过是代表白种人，不过是代表中产阶级妇女，那么那些有色人种、那些亚非拉人、那些非主流的、那些贫困的妇女、那些流浪者、那些女性性工作者，这样一些人群，她们作为一个性别的某种代表，一个群体，你们同样重视她们的权利，使她们得到平等了吗？没有。所以后来女性主义开始把这个视角进行调整，从只关注发达国家的中产阶级白人的这种立场的女性代表，扩展到对于各个范围的、更广泛的边缘群体的利益的关注。

生态女性主义也有类似的一个变化，也就是说逐渐从对发达国家的问题关注，转向关注第三世界的问题。也就是说出现了后来我们所称的第三世界的生态女性。第三世界，比如说像印度、中国这些不发达国家面临的问题，虽然整体上说，在思维框架的意义上，也许是跟发达国家一样在性别和环境上都有问题，但是在问题产生的环境、直接具体的威胁等方面面临的紧迫性的差异性，第三世界也有自己特殊性。生态女性主义这个关注点放到第三世界的发展，我们说这是生态女性主义的一个有积极意义的拓展。我们借鉴思考第三世界的生态女性主义学说，当然也是非常有意义的。这方面也有很多的例子，我先举一两个例子来说明。

比如说像印度。曾有印度的女性主义学者进行了很早期、很系统的研究。其实在印度，男女平等是一个有悠久历史传统的大问题。包括传统中女性被殉葬，在不同阶级之间、种姓之间等，也存在各种群体间的不平等，性别也是这样。但是在印度一些妇女也带起头来，像西方国家一样，参与到对于环境问题的保护中。比如说非常有名的印度的抱树运动，就是她们为了避免森林被砍伐，把自己跟树绑在一块，然后以身护树的群众运动，这都是非常有特色和代表性的。

我这里着重要要说的一个代表，是一位叫范达娜·席瓦（Vandana Shiva）的学者。席瓦是第三世界生态女性主义的一个重要代表，她一方面参与了大量的实践，另一方面也有大量的理论著述。其诸多的书里面，有一本书有中译本，书名叫作《失窃的收成》。讲的什么呢？讲印度的农业发展，是如何在国际上更大范围的跨国公司的这种垄断中蒙受损失的严重问题。这本书的中译本出版的时候，出版社曾经请我给这本书写过一个很长的导读。因为我以前也曾经带过学生做过对席瓦的人物研究，我觉得这个学者书里面的很多说法是非常有意义的。在这里我们会发现另外一个有趣的现象，是什么呢？我们一直说生态女性主义以及一般的女性主义，她的关注是非常实践导向的。在第三世界，当然更加关注第三世界的实践。实际上在生态女性主义中，她们关注生态问题，关注性别问题，还关注跟这些问题相关的发展和周边的环境问题，关注我们应用的手段、我们各种的技术等。

我们现代化的科学和技术以及发展这样的一些问题，对于我们的性别平等和环境究竟有什么样的意义？我们有时候没有想明白，经常只有一些模糊的认识。比如，甚至在过去传统的生态女性主义所关注的内容中，就涉及很多对于和性别，和人类的繁衍有关的技术的发展，比如说生育技术，包括人工授精、代孕、生育控制等。医学进入现代化以后，它对于性别平等的含义是什么？按照她们的分析，其实当你基础的框架没有解决时，经常表面上带来一些好处，似乎保护了一些人，但实际上在深层里，还是在性别不平等的基础上有对女性的伤害。这就像有人研究技术时发现，过去家里面家庭分工中洗衣服是妇女的事，男人不洗衣服，妇女包办，这个事就不平等。后来我们用现代化、用科学技术来解决，发明洗衣机了，洗衣机可以解放妇女了。真是这样吗？洗衣机曾有过一个牌子，叫"爱妻号"，为什么？洗衣机的出现真正解决了男女性别在家庭洗衣服这件事的分工上的差别了吗？很多研究证实了，并没有根本地解决问题，这些机器仍然被定位为由谁来操作、由谁来使用。从劳动占用的时间等各方面来说，并没有真正解决不平等的问题。类似很多其他技术也是一样。

在这本书里面也是一样，她还讲了更多的东西，更大胆，虽然好像不是直接跟性别有关，但实际上是站在我们刚才说的深层次的生态女性主义的立场去看发展。像现代化中的种子问题、现代技术在农业的应用问题，她举了很多例子来讲印度的农业。她发现，其实随着现代化的发展，恰恰是体现了那些以追求利益为主旨的、国际化的、资本主义的超级跨国公司的价值，在为了其自身的盈利，在影响着、破坏着这些发展中国家的实际发展。举一个例子，印度传统农业里面生产的食用油问题。其实这里面也有很多的文化、很多的社会问题。在印度，传统社会有各种不同的小作坊、各种各样传统特色的产品，过去大家都吃这些产品。后来跨国公司进来了，就提出来这个事不对，要改变，就提出各种说法，比如一种说法是利用某些事件，说传统的食用油有毒、不卫生，于是就怎样呢？就取缔了这种小的榨油作坊，统一用现代化油脂的生产方式，用原料进口，然后生产他们所谓高端的好油。旧的小农经济作坊没有了。但是新的食用油的生产依赖于他们的技术、他们的工程、他们的企业，于是这个油的价格也上去了，最终的结果是很多人，原来还吃得起油的人，现在反而买不起油、吃不起油了，原来还以此谋生的人，现在没有这个职业了。

类似这种分析，实际上是对于现代化的一种反思和批判。也是这本书核心讲的问题，即这个框架是讲发展和现代化。也就是要质疑：发展是什么？什么样的发展才是好的发展？这样的生态女性主义，对于我们今天整个世界上流行的资本主义式的发展模式提出了非常强烈的批判，认为这样一种只注重物质的、经济的、数量的、现代化技术的，以这种资本主义盈利模式为主旨的发展模式是有问题的。当然这里面也包括对自然环境有压榨、对自然掠夺性开拓的问题等，而这些做法都是违反生态女性主义的基本立场的。这种发展模式本身就是一种灾难，不是说不可以发展，但难道只有这一种发展方式吗？

第三世界生态女性主义转向针对第三世界国家今天面临的发展最核心的问题，给出了一些激进但是非常有启发意义的反思和批判，这就很有意思。这位席瓦和中国很友好，也关心中国的问题。最近几年，她甚至直接两次来中国参加研讨转基因食品的学术会议。我们讲风险，讲安全，讲生态，其实从生态女性主义这个立场来看，对这个问题也可以有另外一些分析。因为它本质上涉及的还是发展的问题，也就是说我们从一个简单的、直观的、表面的性别平等和劳动分工的问题，进入一个生态环境恶化的问题，从这二者之间的关联，到这个背后我们的思维模式，我们发现生态女性主义的立场分析就越来越深入，甚至于直指我们今天发展面临的最核心的问题。席瓦的观点是什么呢？第三世界生态女性主义认为，妇女过去确实是牺牲品，但也并非只是牺牲品，这些妇女也是在积极地和自然相联系，而且她们在创造和保存生命的斗争中，也是与自然紧密连接在一起的。她们是能动者，也是参与者。

有压迫就会有反抗,前提是被压迫,所以才积极反抗。她们的激进的分析反思,都认为父权制导致了对自然界的贬低和否定,进而引起了生态危机。积极地寻求妇女解放,女性主义者必须认识到,现代文明的进步过程对于自然界的退化有着不可推卸的责任。也就是说,科学技术以这个为依据推进了人类对于自然界的掠夺,与父权制社会中男性对于女性的这样一种掠夺压迫之间,是有着密切联系的,有着共同的根源。我们看看发展的问题。我们过去常说发展是硬道理,这个话可以说没什么问题。但问题是我们如何界定发展,什么才是发展,什么才是理想的发展,这件事上我们并没有思考得很好。我们往往是默认了某些有问题的发展,恰恰是那些以资源消耗为代价的,那种追求奢侈而超过我们基本需求的,那种符合市场经济的盈利模式的,那些最终也带来了我们资源和环境问题甚至带来了很多在社会资源分配利用上不平等等后果的发展,被我们认为才是发展。实际上,文化的发展、文化多样化的发展,我们不是不搞,而是我们并没有予以同样的重视。

比如说,保护非物质文化遗产的问题。这意味着对那些维持文化多元性的东西要保护,这也是一种发展,也意味着它跟我们今天主流的发展模式是不一致的。我们到底应该怎样做呢?要有深刻的反思。我们在环境问题、生态问题上还有很多激进的、很有启发性的生态哲学学说。比如说深层生态学,比如说动物保护。按照这样一种逻辑,把中产阶级白人女性的平等的性别问题,扩展到其他肤色,其他非主流的弱势群体,和把这个性别范围从人类扩展到非人类,其实在深层的意义上跟不同的生态哲学观都有着异曲同工之处。当以人类作为中心的目标来衡量一切的时候,我们对于非人类的自然,动物、植物的这样一种压迫、一种掠夺、一种破坏，实际上最终一方面导致了人类的一些现实问题，另一方面在伦理道德上是对自然的不尊重。生态女性主义恰恰是从特定的角度触及这个问题。

我们今天讲发展的时候，经常提及全球化。大家注意到没有，其实全球化这个词，在今日传媒的大量传播中，都被当成一个好词。在全球化中，有麦当劳，有必胜客，有高楼大厦，有这些现代化的商场，最后的结果呢？宁波、上海、北京和纽约的差别何在？最有文化特征的、最有地方特征的东西还剩下多少？也就是说，对于全球化这件事，我们是否有足够反思？按照生态女性主义的看法，全球化其实不过是发达资本主义国家在扩张自己势力的新殖民化过程中的新一轮的圈地运动而已，而且是用资本去制定游戏规则，在地球上过度利用一切可用的资源。那么，这会给自然带来一个怎样的结果呢？世界范围内的生态、经济、女性、儿童和弱势群体等所面临的问题的解决，不能仅仅依赖那些统治精英，而且也要依赖这种草根的、为生存而斗争的基层的普通人，这又是第三世界生态女性主义以及生态女性主义发展的另外一个立场、一种看法。

我们总结一下。第三世界生态女性主义注重第三世界的妇女和生态问题，关注基层普通劳动者、下层人民的利益，尤其是下层妇女的利益。第三世界人民，尤其是妇女，常常是看不见的底层，人微言轻，对她们面临的困境我们经常会视而不见。其实她们面临的困境，跟第一世界发达国家的女性可能是有所不同的。在中国国内，我们的大城市，我们的现代化城市跟西部发展中的、边缘的乡村也有一个层次的差别。按照这样的立场去看，也许我们今天在宁波、北京、上海这样的大城市遇到的第三世界的全球化发展，在大城市遇到性别的、资源的平等问题，跟在西部不发达地区那些乡村、偏僻地区的女童、女工面临的问题可能又有所不同，但对于所有这样一些我们以往会忽视的人的利益，却同样需要关注。理论和实践的结合、基层力量的重要性、第三世界的传统知识与经验的价值和意义，这些体现了一种更为积极和彻底的革命精神。生态女性主义对于全球存在的几乎所有重要的经济、社会、意识形态都进行了不遗余力的批判和分析，尤其是关于科学技术的影响和文化殖民性质，对于全球化对第三世界妇女和生态带来的负面影响，有着激烈的批评。初次接触到这样的学说，能否彻底接受是一回事儿，但是这个学说所带来的那种启发性的观念，那种影响，却绝对是不可忽视的。

我们国家，在理论上还基本是在学习阶段，我们还很少有自己独特的生态女性主义的思想和贡献，但是我们也有正在尝试的探索。我们跟国外，哪怕其他一些第三世界国家在这个领域的学术经验仍然是有差异的，但是我们也有一些已经开始的实践。不过大家要注意，也有来自某些官方的、主流的、在形式上注重性别和环境关联的一些活动、一些表彰、一些评奖、一些项目规章，它们真的是站在女性主义的立场，站在生态女性主义的立场，站在第三世界生态女性主义的立场来做的吗？这些活动中的许多，分明连社会性别的概念都没有。所以并不是说所有的东西一旦涉及女性，涉及环境，好像就都是生态女性主义的。我们还有多少问题没解决？女童失学的问题、溺杀女婴的问题，甚至以性别选择出生的问题，都会给将来的社会发展带来不平衡、不稳定的涉及性别比例失调的问题，如此等等。

我们现在再来看，我们整体来说对于女性主义是有误解的。涉及哪怕一般的女性主义时，我们对于性别问题仍有很多误解。有时谈这个问题甚至会导致很多女性的反感，她们不愿意承认自己是一个女性主义者。为什么？恰恰是因为人们在社会上把女性主义者的形象塑造成一个非常狰狞的、非常暴力的、非常激进的、非常让人难以接受的样子。这是一种误导、一种误解。其次，我们在理论、研究和实践之间还是有相当大的脱节，本土化的问题更是一个大问题。国际机构对这方面有很多的关注，但是如何与地方性的文化、社会关系形成一种结合和互动，这些方面还有很多问题是值得探讨的。

就我们目前整体的发展来看，生态问题确实日益凸显其严重性。随着环境保护运动的发展，全世界的妇女参加了环境保护运动。在女权主义运动和生态女性主义的这种实践中，诞生了生态女性主义学术思想。第三世界生态女性主义让我们在面临特殊的、突出的、不断恶化中的，每人都能感受到的环境问题时，能够选择各种可能的视角、立场、措施，去观察和思考，也是一种非常积极的解决问题的方式。我们在三八妇女节前后谈论这件事，也有它的特殊意义。当然我觉得，也许当我们在讨论一个学理性的性别平等问题成为一种常态，而不需要在特定的像妇女节的时候才去想起来要讨论这件事的时候，我们的环境和我们的性别这两个生态女性主义关注的主题，才会在未来有一个更好的发展。

谢谢！

天一讲堂：我们都知道，科学一般都是对自然界的一个客观认识，怎么会想到跟性别有关？

刘兵：刚才在介绍我的时候，提到我是做科学史研究的，其实我的研究范围还包括了以科学为对象的哲学、社会学、文化等。那么在这些研究里面，就会发现与我们分析性别问题时很类似的一些情况。一般人通常会假定，或者在传统中认为，科学的认识是一种非常客观的、接近于真理的东西。但是认真地说，这种看法在某种意义上也不一定全对。比如从科学史来看，在历史上，100年前、200年前那会儿也有科学，那时科学的认识，大家普遍也认为都是对的，是客观的。200年以后，到今天，我们就可能会发现那些认识有问题。那么，我们今天也会面临着类似的问题。在今天科学研究的很多成果，我们认为是对的，可是再过200年，人们又会怎么看待我们今天的研究呢？人们在讲客观的时候，经常是指一个终级的东西、一个不变的东西，实际上我们对很多事情的看法一直是在变的。刚才我们讲《寂静的春天》，讲环境保护运动，那本书所讲的核心问题是杀虫剂，是滴滴涕（DDT），那是当时最新的科学成果和技术成果。当时为了解决卫生问题，解决病虫害问题，为了解决农业问题，认为使用滴滴涕很正确。但是在使用过程中发现有副作用了，人们没有意识到它对环境，对于其他鸟类有致命的影响，所以对此看法的纠正就带来了后来的环保运动。如果过分强调客观，实际上经常会掩盖问题背后的复杂性。科学家是有性别的，科学家的意识形态也是有性别的。科学的发展、科学的结论、科学的很多应用，实际上与很多外部社会、文化的各方面的因素是不可分离的。在这当中，性别就是重要的因素之一。在这个意义上，人们会发现性别和科学是有关联的。如何关联，刚才讲座当中也提到一些看法和可能性，当然除了我们提到的，可能还会有其他的原因，还会发现这里面有更多更复杂的事例。这恰恰提示我们，科学不是在真空中发生和发展的，是在现实的社会背景下发展的，在这个时候，各种因素都会影响到我们对科学的理解和对科学的研究。

天一讲堂：生态女性主义的活动，对生态环境的保护究竟起了多大的作用，又在哪些方面产生了怎样的影响，我国有没有这种组织呢？

刘兵：是这样的，因为我们今天讲的话题其实是一个在某种意义上比较前沿的话题。在国内，我们很多妇女组织，甚至从理论上，全国妇联这个最大的妇女组织，也为性别平等做了很多贡献，但是与此同时，也有很多环境方面的非政府组织在做这个事。但是我不知道大家有没有注意到？其实我刚才讲的内容，放在我们日常的生活中会显得非常激进。说激进在于，它跟我们长时间以来的那种认识和想法不太一致，但是这种不一致性，又恰恰是这样一种理论思考的特殊价值所在。重要的是，当我们面临一个问题，要努力要改变它，但是始终改不好的时候，有几种可能。一种是我们改变的力度还不够，另一种是我们解决问题的思想模式、方法本身也不完善。也许就目前所见，在印度等这样的国家，生态女性主义可能确实曾经在一些政策的制定和一些对于发展的影响方面有一定作用。但是，在我们这里，非常遗憾，还真的很少有特别明显的影响。如果我们有意识地关注性别和环境问题，积极地对待这件事情，在未来，我相信也许我们会有一个更好的前景。

天一讲堂：我们国家是一个比较早提出男女平等并赋予女性选举权的国家。是不是中国在某些方面还是走在世界的前列？

刘兵：这么说吧，在国际上一些学者也有这种说法，在中国也有，我觉得既是又不是。从某些方面来说，是，比如在立法上，在理论性的提法上，包括什么半边天，包括男女平等、同工同酬等。但是这个事在理论上的说法和在实践中是做法，有时候并不完全一致。举一个类比，我们今天讲性别、环境。我们国家涉及环境问题的法律，在国际上来说也算是非常完备的，但是我们的现实环境怎么样？我们对于法律执行得怎么样？你有一个好的理念、好的口号，但这些东西未必都得到了彻底的贯彻和执行。虽然我们有男女平等的理念，但现实中呢？现实并不理想。我有一个朋友、一个同事，也是我们单位的，是一个女性。她学术做得很好，出国留学回来的，但是由于她现在还没有当上教授，不幸又是一个女性，所以尽管还是想好好工作，但按照现在的规定，她55岁就必须退休，如果她是一个男性，那就可以工作到60岁。为什么？又比如说我的学生，到某某单位求职，人家就明确说我们不要女性。也就是说，在这里，既有好的方面，也有很多问题，而且今天也许我们对于这个问题的关注更具有现实意义。

天一讲堂：西方女性的权利觉醒之路，对我们有一些国家在哪些方面有启示，或者说我们中国该如何走性别公正之路呢？

刘兵：这个问题就比较抽象了。我觉得其实从任何历史的发展来看，都很难说有一个唯一的、绝对理想化的模式，可能都处于摸索的过程。西方国家有他们的发展，我们有我们的发展。可能在不同的情况下、不同的环境下，发展的方式也会有一些差异，这些都是正常的。但是至少有一点，在这方面要有所变化，就要有对需要改变的必要性的认同。借鉴其他发达国家的经验和背景，我觉得是可以的。但是有一点，比如性别的问题，其实是无处不在的，有时候我们甚至在一个积极、正面的出发点来讲这件事时，也会不自觉地因为我们的思维惯性、我们的传统认识而陷入很多误区。这才是问题。

天一讲堂：如今越来越多的女性活跃在世界政治的舞台上，像撒切尔夫人、默克尔还有希拉里，包括在中国有"铁娘子"之称的吴仪等。想问刘教授你对活跃在政治舞台上的女性是怎么看的，西方的女性政治家跟我们中国的女性政治家所处的环境有什么不同？

刘兵：应该是一两年前的时候，好像也是在两会期间，凤凰网对我有一个采访，专门写过一篇东西，就是讲女性政治家这件事。我觉得有如下几点。第一，女性政治家出现，以及所占比例的增加无疑是一件好事。因为作为政治家，作为管理者，都有其所代表的群体。不管是人大代表，还是政府官员，对于在人数上与男性差不多的女性来说，如果没有更多在性别上直接相关的女性代表、代言人，而只是依靠其他人去替你来说话，结果显然是不一样的，所以女性政治家的存在在这个意义上是有好处的。第二，我前面也提到过，天然性别为女性的人并不一定就是代表着一种良好的、先进的女性主义立场，其实这是两回事儿。所以这些政治家也应该有一个意识的转变，不仅作为一个女人，而且作为一个有性别意识、有良好观念的从政者，这样才能更好地代表女性来履行她们的职责。第三，其实我们的传统文化，包括现代官场文化，对于性别影响上的变化并不是非常有利的。我们的传统文化如果要有一个理想改变的话，我觉得还有很艰巨、很漫长的路要走。

天一讲堂：因为今天是有关女性话题的讲座，所以有听众想了解您欣赏什么样的女性形象？

刘兵：这个问题很具有挑战性。首先，问题不太明确。是指一个抽象的、整体的女性形象，还是一个具象的、个体的女性形象呢？在传统中，人们认为女性什么样比较可爱？例如，有智慧的女性、聪明的女性，原则上来说会比傻乎乎的女性更可爱。但这个观点也不一定人人都赞成，也有人认为女子无才便是德。我个人，会更欣赏具有平等意识，而且有智慧的、非常善良的女性。这里所说的善良，是指不伤害他人，并非那种逆来顺受的懦弱，我觉得这样的女性或许比较可爱。

天一讲堂：能否给我们推荐一些有关女性主义与科学的经典作品？

刘兵：这要看不同类别读者的不同兴趣。我觉得，对于一般公众，我可以建议的就是我刚才里面提到的麦克林托克的那本传记，传记的内很丰富，而且读到什么程度问题都不大。另外，关于更学理性的，我曾经跟我的学生一起编过一本《性别与科学读本》，也可以去看，但那个东西更为专业一些，对于公众来说不一定特别直观。此外，就我们今天所讲的意义而言，在环境保护上，比如说蕾切尔·卡逊写的《寂静的春天》，在发展问题上，包括席瓦的《失窃的收成》，都是可以考虑阅读的。

思考博物

梭罗、利奥波德与卡森，他们是什么『家』？*

> 此文根据2019年6月16日在清华大学邺架轩书店举行的"邺架轩·科学在身边"活动的现场录音整理而成。

主持人：尊敬的各位老师、各位同学，大家下午好！欢迎大家来到"邺架轩·科学在身边"活动现场。大家都知道清华有一句特别广泛的口号叫"无体育，不清华"，我们也说"无阅读，不清华"。"邺架轩·科学在身边"系列活动是在去年开启的，致力于推荐科普领域和科学领域经典好书给大家，我们希望通过搭建作者、读者和图书之间的桥梁，能够助力百年清华更创新、更国际、更人文。今天这场活动同时是与北大博雅论坛的合作，去年我们已经有过合作了，我们也希望邺架轩"科学在身边，作者面对面"和北大博雅论坛能够在未来有更多的合作和交流。

今天活动推荐的图书是《西方博物学文化》，我们也特别有幸邀请到了两位嘉宾，一位来自北京大学哲学系，是这本书的主编刘华杰老师，另一位是来自清华大学科学史系教授刘兵老师。我简要介绍一下两位老师：刘华杰是北京大学哲学系教授，博士生导师，研究方向为科学哲学、科学史和科学社会学，近年来致力于复兴博物学文化；刘兵老师是清华大学科技史教授，博士生导师，同时也是科学史理论家、科学传播研究学者。我们注意到两位老师都穿了一件T恤，上面写着四个字"博物自在"。今天除了两位嘉宾之外，我们的主角还有这本书，它是由北京大学出版社出版的。

我们今天活动的主题是"梭罗、利奥波德与卡森，他们是什么家？——建构西方博物学文化"。一会儿两位老师会给我们讲，到底什么是博物学，在活动之前我稍微翻了翻相关资料，了解到博物学是和人类、大自然打交道的非常古老的学科。也有人说在介绍博物学的时候，讲到博物教育实际上是一种成人教育，就是有助于使人成为人的教育，让人时刻认识到我们本身也是整个自然界、整个生态系统当中的一员，知道人类的限度，也能够约束自己的行为，同时在尊重大自然的基础之上，能够和大自然一起协同演化，共同进步。我们知道有一句话叫"绿水青山就是金山银山"，实际上这里的绿水青山不仅仅是绿的水、青的山，更多的是指我们赖以生存的自然环境。在这样的时代背景之下，以科学的态度、科普的方式来传播博物学文化，尤其有特别的意义。我们今天非常高兴请到两位老师给我们分享他们眼中的西方博物学文化。

刘华杰：今天重点讨论的书《西方博物学文化》我只是主编，作者一共有20位，包括我的同事和我的学生。书很厚，信息量不小，但并不全面，也不可能全面。考虑到"做增量"，许多重要人物故意忽略了，即使这样，也够厚的了。

今天用"梭罗、利奥波德与卡森,他们是什么家?"这个题目,主要是想有一点儿新意。如果直接讲博物学,好像我们又是进行某种普及、某种科普。我讨厌科普,我相信在座的人也讨厌被科普。我们都长这么大了,天天被人科普实在无趣。如果我们主动学习某种东西,可能就非常不一样了。我们都是好奇的动物,愿意了解一些未知的东西,但一定是自己感兴趣的,不是硬塞给我们的。梭罗是《瓦尔登湖》的作者,除了是作家还是什么家?利奥波德写过《沙乡年鉴》,卡森写过《寂静的春天》,除了作家身份,他们还是什么人物?有什么背景?归属哪个专业?我们以前曾说梭罗是文学家,利奥波德是林学家,卡森是科学家,当然有一定道理,但我们今天要提及他们三人有共同的另一个身份——博物学家。在我们当下的文化中,似乎并不强调这种身份,在座有哪位事先听说过他们三个人是博物学家的?好像不多,或者几乎没有。可以坦率地讲,他们是货真价实的博物学家,非常优秀,他们的思想与这一身份有很大关联。这三人都自认为是博物学家,当时也有评论者认为他们是博物学家。

为什么要写这本书?要讨论他们的博物学家身份?为什么偏偏看重博物学?是因为现代性的发展遇到很多问题,这些问题还非常难解决。现代化过分相信和依赖科技、高科技,相信所谓的线性进步,实际上已经走向一条不归路。以发展高科技、推动进步的名义,将天人系统引向不归路,导致天人系统的矛盾越来越严重,整体而言没有变好的迹象。这是"现代性"的一种悖论。今天早晨我刚从云南回来,人们喝的普洱茶是怎么来的?是把山上原有森林砍掉种出来的,茶叶生产已经过剩,却仍然在扩大再生产。不仅茶叶生产过剩,许多商品都过剩。人这个物种本来来自大自然,现在变得越来越不自然。现在,人与自然打交道与一个东西关系最密切，就是近代科技，我们如果不反思近代科技，环境问题就没法解决。我们发现用博物学传统，也可以较好地反思近代科技。近代科技的历史很短，只有300年的历史，人类不会只再活300年、1000年，人类可能还要活百万年、上亿年，但是如果照目前的程序、趋势走下去，前景不妙。我们考虑问题的时空尺度不能太小，我们的子孙后代及其他物种、生态系统也要活得好，怎么做到这一点？别人可以不想，哲学家必须想这些问题，否则我们国家、人民养我们干什么？

为了当下活得更好，也为了可持续的明天，我们要讨论一个老掉牙的学问，现在课程表没有列出的博物学。教育部学的科名录中没有博物学，我们为什么又翻出来，还是哲学系的人故意宣传这些思想，为什么不是生科院、地科院在翻？因为生科院、地科院瞧不起博物学，觉得博物学肤浅，是老掉牙的，没什么用，可我们反而觉得很合适、很有用。不过，我们不轻易宣传它的有用性。在英国伦敦地铁中看到一个标语，伦敦地铁很差，和我们的地铁没法比，伦敦地铁写了圣雄甘地的一句话："There is more to life than increasing its speed."（生活不仅仅是匆匆赶路。）每个英文单词都很简单，句子的意思也清楚。现代性很强调二分法的这个侧面，而忽视了协调性的角度。加速对于生命并非是全部，也并非总是重要的、好的，有时相反的方面反而是好的、理性的。现在的主要问题是跑得太快，从大尺度文明演化的角度考虑，要尝试发掘古老的博物学知行资源，要博物地生存，living as a naturalist, 这个英文词组是我造的，字面意思是像博物学家一样生活，或者博物人生、博物自在。

我在哲学系工作，发现、发掘博物学并非没有理论根据，并不跑题，理论根据很多。比如：

- 波兰尼（M. Polanyi）的科学哲学，默会知识、个人致知；
- 梅洛-庞蒂（M. Merleau-Ponty）的知觉现象学和胡塞尔（E. Husserl）的科学危机现象学；
- 新的科学（及文明）编史学纲领；
- 地方性知识研究与可持续性；
- 工业文明（资本+强权双驱）批判，生态文明展望，以及"绿水青山就是金山银山"等。

学术层面探讨二阶博物学，在中国做的人还不多，但在全球范围却很多。比如这是一本博物学研究文献目录集《博物学史》（G. Bridson, *The History of Natural History: An Annotated Bibliography*, London: Linnean Society of London），2008年出了第2版，有上千页，收录的都是西文发表的文献目录，没有包含中文文献。1996年和2019年，分别出版了两个重要文集，《博物学文化》（*Cultures of Natural History*）和《博物世界》（*Worlds of Natural History*），这两部文集很说明问题，影响巨大，我主编这部《西方博物学文化》也从第一部文集受到启发。在中国，好像做博物学研究的没有听说过，或者说极其另类，但在国际上，博物学受到科学史、环境史、文化史、科学哲学、人类学界的广泛重视，在某种意义上此类研究成为一种显学。我相信在国内关注博物学的学者会越来越多，最近也出版了一些博物学图书，研究中国古代的也有一些。中国古代博物学极有特色，中国古代博物学研究者也做了相当不错的工作，举几个例子，如北京师范大学于翠玲、复旦大学余欣、山东大学刘宗迪、台湾"中研院"赖毓芝、四川大学王钊等。

这里所说的博物学，对应的英文是natural history，这个词组非常古老，其中的 history 不是"历史"的意思，而是调查、记录、描写、探究的意思，不涉及时间演化问题。在古代希腊，ιστορία 的意思对应英文的 inquiry; knowledge acquired by investigation。大家可以查希腊语、英语词源，也可以读现代动物学家戴维·施密德利（David J. Schmidly）写的一篇文章《做一名博物学者意味着什么以及北美博物学的未来》("What It Means to Be a Naturalist and the Future of Natural History at American Universities"，*Journal of Mammalogy,* 2005, 86(3): 449-456）。

这是我的学生邢鑫从日本带回来送给我的日文书《江户博物学集成》。"博物学"这三个字是日语词，"博物"两个字中国古已有之。有人计较，说不宜使用日语词，这很荒唐。我们现在用的很多词都是日语词，比如科学、社会、计划、经济、条件、投机、投影、营养、保险、饱和、歌剧、登记都是属于日语词。有本事不用"科学"一词啊！没办法，现代汉语很多词都是日语词，其实没关系，分解来看，用的不还是汉字嘛！

博物学在西方有悠久的历史，多悠久？至少跟科学的历史不相上下，严格地讲比科学的历史还要长！亚里士多德之前就有博物学，他本人写过《动物志》等，他的大弟子塞奥弗拉斯特（Theophrastus）研究探究过植物，留下两部植物书，都没有翻译成汉语。我现在招了一名博士生，让她学希腊语，希望她将来将西方植物之父塞奥弗拉斯特的书译成汉语。他确实是西方植物学之父，他的老师是学哲学的，他本人也讲授哲学，我现在喜欢花花草草，可能有的人质疑哲学系的人应当整天玩概念、讲思辨，为何还关心特别具体的东西？我有许多种辩护方案，好在我们北大哲学系很棒、非常宽容，从来没有让我辩护过。简单讲，我关注植物在哲学史上是有传统的，是向先哲们学习、致敬。向亚里士多德学习没错，向他的大弟子学习也没有错，向卢梭、歌德、罗尔斯顿学习也没有问题。这是老普林尼留下的 37 册的《博物志》，没有任何一本译成了汉语，我不知道清华大学图书馆有没有收藏，希望将来会有中译本。西方博物学家非常多，我按我个人喜好列了十个大佬（星号表示喜好程度）：

亚里士多德★★★★★

格斯纳（Conrad Gesner）★★★

林奈★★★★

布丰★★

怀特（Gilbert White）★★★★★

A. 洪堡★★★

达尔文★★★★

利奥波德（Aldo Leopold）★★★

威尔逊（E. O. Wilson）★★★

对亚里士多德我打了五星，亚里士多德不光是哲学家，也是很多很多其他"家"，包括博物学家，前面说过他写了《动物志》。对怀特我也打了五星，还用红色表示，表示我极其重视怀特。怀特没有特别了不起的自然科学贡献，从牛津大学毕业后回到家乡当一个名乡村牧师，一辈子没做过惊天动地的大事，只写了一本书《塞耳彭博物志》。怀特的家乡是典型的英格兰农村，我专门去看过，还小住了几日；达尔文也去拜访过他的家乡，为什么？达尔文要向先贤致敬。他是极重要的博物学家，他做的那种类型的博物学，人人可及，是我们今日特别要倡导的。洪堡、达尔文、利奥波德、威尔逊也是科学家，这没有问题，但他们也是重要的博物学家,只是人们很容易忘记这一身份。威尔逊的自传就是《博物学家》,用的是 naturalist 这个词,中译本译成了《大自然的猎人》。

博物学在今天确实是衰落的,这是一个基本事实。大学课程一般不讲博物学,但是衰落程度是不一样的。在西方发达国家,博物学在正规教育中也衰落了,科研体制中不考虑博物学,但是在社会上博物学依然发达,也可以说相当发达。中国以后要步入发达国家行列,中国就不会例外,博物学也会得到重视、流行起来,只是迟早问题,我们现在只不过是推动一把。

卢梭是哲学家、启蒙作家、教育家,他也是博物学家,写过一本书《植物学通信》,我的学生熊姣把它译成了中文,在北京大学出版社出版。歌德是博物学家,通常人们说歌德是诗人,怎么又是博物学家?没有问题,没有撒谎,他写过《植物的变形》,用诗歌体写的!事后看,它也是一部有重要科学创新的作品。他提出了植物学中的一个创新性观点,认为植物的花朵是叶子连续变形演变的结果,竟然是正确的!他不是基于近现代自然科学意义上的研究得出此结论的,他基于多少有点儿神秘的博物学方法认识到这一点,也可以称为歌德式方式。梭罗是《瓦尔登湖》的作者,他对种子非常有研究,有人认为他是科学家,梭罗从来不认为自己是科学家,他甚至瞧不起科学家。人们根据他的笔记整理出一本书《野果》,其中讲道:荒野胜于多所哈佛大学。他认为荒野对人有教育意义的;哈佛大学很牛,但是教育意义没有荒野大。如果这话是别人说的,有酸葡萄的嫌疑,可梭罗是哈佛毕业的。法布尔写过十卷本《昆虫记》,是博物学家,这没有任何问题。他一生有一个"巨大的"愿望:自己有一个不太大的园子,去种金子,发大财?不是,而是让它荒着,让昆虫在里面随便生长,他有权利在里面观察它们。这点抱负,在我们清华、北大学生看来可能理想不高大,太小意思了,也不如一般 CEO 的想法伟大。但这就是博物学家,法布尔喜爱昆虫,他要了解昆虫,他是个有趣味的人。人有趣味似乎不难,似乎又非常难。很多人非常成功,按现代性的标准非常成功,但是无趣。很多人就是看了法布尔的书成为科学家、博物学家。"国家公园"的概念是谁提出的? 博物学家约翰·缪尔(John Muir)。这张照片展示的是缪尔和老罗斯福,他们一起聊天、露营,讨论不要随便开发一些东西,要把一些荒野留给后代。领导人周围的人整天念叨什么东西,显然会影响到领导人的思维、决策,老罗斯福总统本身就是博物学家,喜欢观鸟、狩猎。很多人觉得打猎和生态环保不相容,这要从历史来看,很多优秀的猎人是博物学家,这和现在的激进环保主义者考虑的问题不在一个层面。诺贝尔奖获得者莫里斯·梅特林克(Maurice Maeterlinck)是博物学家,他提出一个修辞"无用而美好",我经常引用,用来为博物学辩护。博物学现在就是"无用而美好",博物学有没有用? 有用,但是如果我直接说博物学有用,越讲就越没有力量,还不如反着说。于是就直接说"博物学没用"。没用还关注,还在上面浪费大把时间,这不是犯傻吗? 但是你只要知道这是梅特林克说的,就有特别的效果。"无用而美好",确实是一个不错的修辞。我们周围有很多东西都是无用而美好的,比如我们生孩子、养孩子,人为什么要养孩子,指着养老? 没用的,养孩子就是无用而美好的事情。我们看花,也是无用而美好;我们学习,也是无用而美好,你以为学了微积分就能用上? 我学了导数在实际中从来没有用上,在现实中从来没有求过导,但并不是说导数的概念没有用,一阶导数、二阶导数有明确的物理意义,能帮助我理解许多事情。很多东西的学习都是没有用的，或者不要过分考虑有用性而去学习，觉得好玩、有趣就可以。我们人活着相当程度是为无用而活着，根据博物学的无用性，更容易理解用它为何能破解现代性的悖论。博物学能赚钱吗？不太可能。博物学能杀人吗？博物学也能杀人，不太容易，效率不高。

利奥波德说过一句话，讲的是共同体中的一种动物，应当习惯于采用共同体的思维。我们为什么会滥用土地？利奥波德说，是因为我们把它看作属于我们的商品（commodity），如果我们把土地视为一个共同体（community），而我们也属于此共同体，会怎样呢？我们就会开始用热爱和尊重的眼光来使用土地。效果非常不同。土地可不可以使用？可以使用，但是用法不一样。这就是利奥波德的修辞和他的想法，是一个博物学家的叙事方式。他的英文非常好，我把相关文字抄在这里："We abuse land because we regard it as a commodity belonging to us. When we see land as a community to which we belong, we may begin to use it with love and respect."（我们滥用土地，是因为我们把它当作属于自己的商品；而当我们将土地视为我们所属的同同体时，我们就会怀着爱和尊重来使用它。）卡逊自称是海洋博物学家，当时有两伙人激烈地反对他：一类是化工领域的老板，因为她动了人家的奶酪；另一类是当时的主流科学家，他们认为这个老女人不结婚颇有问题，她的想法不可信。但是到了70年代，她的思想成了正统，写进了中小学教材，她也摇身一变，被追认为科学家。可是卡逊本人自称海洋博物学家，有书名副标题为证。纳博科夫是著名的小说家，他有三个身份：小说家，大学教授，还是鳞翅目专家，研究蝴蝶、蛾子。

博物涉及认知，涉及认知的东西一定要讲清它和科学有什么关系，因为当代科学几乎垄断了认知这件复杂的事情。博物与科学的关系很难讲清。我也一直搞不清楚，开始以为很简单，我想了十几年才想清楚。博物和科学之间什么关系？大致有三种可能性。第一种比较好理解——从属说。博物从属于科学，最终收敛于科学，好的博物就归于科学了。那些转换不成科学的东西，就应该被抛弃。从属说，我现在觉得没什么意思。按照从属说，我们根本不需要考虑博物学，我们有科学就够了。现在很多人还从从属说角度看待博物学，因而多少同情博物学，说小孩博物一下，增加对动植物的了解，长大好成为科学家。大人偶尔也可以博物一下，以便更好地理解科学。这些当然也不错，只是很不够，没抓住重点。第二种，适当切割说。认为博物与科学各有千秋，但最终价值还要用科学来判定。我认为这种观点价值也不大，据此也犯不着我们哲学系的人吆喝博物，来讲博物学的认知、历史、文化。第三种，平行说，才是我真正想说的。平行说是指博物与科学平起平坐，评价标准来自另一层面。博物之好坏并不完全依赖科学来判定，科学好坏也不能从博物来判定，那么怎么判定呢？看是否有利于改进人与自然的关系，有利于人的生存，是否让普通人的日常生活更好一点，是否让生态系统更可持续。博物与科学有交叉，但是不一样，不能说博物收敛于科学。我画了一张示意图，比如从北京到石家庄开车怎么走，有两条高速公路 G4 和 G5 可以走，这两条高速公路也多处横向连通，但并不是一条路，可以有不同办法走。你可以想象一条高速路是自然科学，另一条是博物学。

从平行论角度思考博物学，探究复兴博物学，才有意思。是否成立，要看大家是否认同，要历史来检验。古代有没有博物学？古代早就有，早到什么程度？有科学之前就有博物学。那古代有没有科学？也可以勉强说古代有科学，科学史不是从古希腊写起吗？博物学史也可以从古希腊写起，中国则可以追溯到先秦。这些历史都是事后建构的。我们这本书《西方博物学文化》也是建构的、后编出来的，当然不是瞎编的，要有文献证据和其他学理根据。研究博物学是一项长期的任务。长远目标是建构人类文明史，中期目标是重写科技史，近期工作是非西方博物学文化，初步尝试是西方博物学文化。

博物学也不是铁板一块，有不同的学说，怀特那种类型最应当强调，而有的类型不宜强调。1959年中国青年出版社出版了一本书叫《研究自己的乡土》，是从苏联翻译过来的。书名非常好，研究自己的乡土，谁来研究，科学家吗？不是，是老百姓、博物学家自己来研究。每个人都可以成为博物学家。PPT上这些鸟画得怎么样？是博物学家画的，作者是一名喇嘛，扎西桑俄没有受过现代科学训练和美术训练，但是画得很好。

从博物角度我们可以重新思考许多问题。中国古代四大发明是什么？洋人告诉我们四大发明是火药、指南针、造纸术、活字印刷术。我们从博物学角度看，完全不是这样，那些东西与百姓的生活可能联系还不够紧密。西方所谓的四大发明是针对他们的需要来讲的，从中国人生活方式的角度看，中国古代四大发明可以是茶叶、瓷器、蚕丝、豆腐。我觉得这四样对中国人的日常生活特别重要，而前三者曾经作为国际贸易的主角，影响巨大。它们是环保的、是可持续的，没有什么太大的问题。中国古人非常了不起。一名好的当代和未来的科学家应该多发明点这类东西，而不是搞导弹、核潜艇、生化武器、察打一体无人机、隐形飞机，或者急不可耐地搞转基因等。博物学是一种古老的文化传统，各地都有自己的博物学，现代复兴博物学是想干什么？是为了让我们生活更加美好，减少折腾。人类折腾得太厉害了，高科技让人们得以快速折腾，快速升级。你的手机、电脑还用得好好的，马上让你升级换新的。是谁让你升级？并不是自己内心想升级，是资本想升级，升级慢了它就不赚钱了。我们生活在现象学讲的"生活世界"中，我们对快速升级可能要有所反省。

不好意思，我说得太多了。小结一下：中国古代讲"天地之大德曰生"，这个"生"并不是生一年两年，要长久，可持续。博物学是经过考验的文化传统，这个传统不应该丢。恰好我们古代也有丰富的博物文化传统。现在我们能做的第一步是了解西方博物学。为什么我不敢直接考虑中国的博物学，太难了。我们中国人说中国的博物学太难了，那西方的博物学就容易吗，也不容易，但是西方的博物学研究者较多，框架相对清晰，要先把西方的博物学消化一下，获得我们可以利用、参照、比较的框架，回头再做中国的博物学就好办了。博物是公民的一项权利，是公民成长中所需要的一项权利，教育和社会要为实现这种权利提供方便。谢谢！

主持人：谢谢刘老师！我们请刘兵老师谈一下对于博物学的认识和理解。

刘兵：因为刚才刘华杰老师谈了很多，刘华杰老师这些年来一直关注博物学、研究博物学，而且实践博物学，这个是比较特殊的。我们知道他除了自己做哲学、历史的研究，而且还带着很多学生做这方面的研究，也承接了相关的课题。同时更有一个特色是，他和一般研究者不一样，他自己是一个身体力行的热爱博物学的探索者，比如他自己最大的娱乐是到山上看花，而且写出了对于植物的直接的观察、描述、笔记和著作。但是刘华杰老师在北京大学哲学系工作，我们觉得试着从今天这个标题也可以问一个问题，刘华杰是什么家？这个问题这么问也很有意味。其实当我们说一个什么"家"，中国人对于"家"这个词，在翻译上来说也很有意思，比如中文里一种意思是指做什么就是什么家，另外中国人还有一个比较尊敬的说法，说一个人是什么"家"，好像是一个很高的抬升，那么我们可以不叫博物学家，而叫博物学工作者，其实是一回事，英文都是一个单词。

那么这当中的分类其实很有意思，刘华杰可以说既是一个博物学家，也是一个哲学家，这并不矛盾。但是可能往往我们会从分类上来说，我们按照他的单位属性，按照他的工作，北大哲学系教授，北大至少没有专门设一个博物学教授的位置，他可以说他是一个哲学家，没有问题。刚才他讲的所有这些，如果按照哲学研究，当然他也列举了很多哲学分类，包括基础理论，现象学那也是哲学，而且是很前沿的哲学，从这个角度来说他是哲学家没有问题。

但是从另外一个角度看，他做博物学研究，身体力行地做博物学实践，这是他设计的，打出这个招牌，他也愿意做博物学，自称为博物学家也是可以的。但是我们说刘华杰是博物学家的时候，第一，不跟哲学家身份相冲突；第二，我们又有了其他的侧重和强调。包括我们今天讲梭罗、利奥波德、卡森也是这样，因为至少这几个人的名字，我们在其他著作里，在科学史、文学史里也可以看到，我们说他们都是文学家，是所谓的海洋生物学家，这个分类在科学史上也有这样写的。而且他刚才举的十大博物学人物，我不知道他的评分标准，是不是上大众点评上多了，有打五星、四星、三星的，当然这个仅供参考，因为是他个人的。

如果我们看科学史、生物学史，也会经常看到他们的名字，但是他以这种方式来说，专门作为博物学家这一类人，其实就有了另外一层意味，我觉得我们今天做这个讲座讨论这件事，包括刘华杰写的这本书，打出博物学的名目，而且力图向社会推广传播，实际上是带有特殊的指向性的理念，我觉得这个才是关键所在。当然我们原则上都同意这些说法，大家要把这事做成确实很不容易，为什么不容易有很多原因。这本书严格来讲，从定性上来讲，是以历史研究为主的，兼具其他特点。也就是从博物学这样一个视角，重新对这些人做了以他们为主的历史研究，虽然在生物学史、分类学史、科学史中也提到这些人的名字，但是提法上和对他们工作描述上分类不一样，着眼点不一样，人们的关注点也不一样。

但是我们看到，博物学的历史也曾经非常悠久，非常辉煌，但是到今天博物学确实衰落了。我觉得其实我们强调这个"家"和强调博物学的概念，也是在面对博物学今天在科学研究上和社会重视程度上的衰落。像刘华杰这样的研究者和很多有识者的看法和衰落形成了巨大的反差，他们认为这个很重要，但是很重要又衰落，那就值得去倡导。坦率来说，我觉得这个倡导的路程是非常艰难的，非常不容易的。它衰落是有它特定原因的，比如刚才他讲梭罗和哈佛的事，刘华杰要是类比的时候，你可以说说北大。比如你在延庆爬山和在北大念书，哪一个是更好的教育？

刘华杰：稳妥一点儿，都是好的教育。

刘兵：他已经知道稳妥了，说明这件事是有争议的。咱们再说说清华，其实我本科是在北大念的，所以还有北大传统，虽然最后辗转来到清华教书，一直有一个观察，比如我的办公室现在在明斋，其实过去是新斋，新斋的那个楼从天上往下看是一个"王"字形，"王"字这几道之间有一个相当于小院子的空地，我们刚到新斋的时候发现那块空地长满了野草，长得非常茂盛，很好看，我们从窗户里看也很舒服，但是你们看现在的，很多年前这些草突然都被割掉，开始人工种花种树种草了，其实对这些草不少老师都有同感，觉得人工种的草长得不好，当然还砌了一些花坛，但原来的野草觉得很自然，很茂盛，很天然，很舒服，但是为什么我们一定要把它割掉？这本身是很有意味的问题，类似这种思维模式，我们也可以看看，我们常常有那么多人工草坪，但是你类比一下，到英国剑桥大学和牛津大学，也有一些草坪，不过是局部的，校园里有相当多的荒地是长野草的，而这在我们这儿是不大被认可的，我们总是认为它代表了有问题，代表了不发展，是需要被修理修正的。我记得我们小时候的一个重要劳动项目是拔草，为什么要拔草？就是认为长野草是一件不好的事情，这就是一种观念。我们越来越不太认可对纯粹天然的欣赏，而变成了更加追求一种人工化的、现代化的，一种所谓更高大上的模式，当然这种模式不同时期不一样。曾经有段时间人们认为最高大上、最现代化的是烟囱林立，后来发现这有问题，现在就变成了大数据、自动化这些东西，但背后的逻辑是一样的。

换句话说，为什么今天博物学衰落？刘华杰最后讲到了科学和它的关系，当然这也看怎么理解，更严格地说，其实刘华杰说的科学更多的是近代科学，是跟近代西方科学的关系。当然，比如我也和其他一些朋友倡导，如果我们把科学的概念泛化，不仅是指近代西方科学，如果我们把人类对自然界各种系统的认识，不同方式、不同范式的都当作不同的、复数形式的科学的话，博物学就被引进了,甚至不只博物学,还有其他的,也许这是一种好的方式。当然这也不重要,但我们面临的这个问题是,其实我们看到的不仅仅是博物学衰落,地方医学,比如中医,也在衰落,很多不符合今天的科学范式的东西都在衰落之中。我们今天讲科学的时候,可能背后有一种更深层的动力、观念和价值影响了我们,所以今天科学也不认为研究这个很重要,研究它也拿不到多少基金,也发不了文章,也不会设置专业。但是有少数一些有远见的、有眼光的观察者和研究者,发现这种东西对人们是有利的,对社会发展生活是有利的。有时候我们就生活在这种矛盾当中,我们明明知道很多东西是有利的,但是我们仍然不可抗拒地、不自觉地去朝着不利的方向发展。比如我们今天都关心饮食,都知道吃绿色食品、有机食品好,这是我们一般的说法。但是我们真正生产食品的时候,我们并没有像说的那样去下大力气种植有机作物,反而拼命使用更多的化肥和农药,我们心里的追求和我们不自觉的、被迫的走向,其实是有矛盾的。

刘华杰他们做这样的研究,目的在于让人们发现这种矛盾,找到在我们心底里、从历史上来说更有意义的其他传统,来对抗现代化的发展,换句话说,博物学这种发展就很重要。刚才谈到这里面是非常复杂的,比如前几天我们刚跟我们都认识的一个朋友有一些对谈。我们在讨论一本关于创新的书,那本书是谈老科技,严格来讲是老技术,说科学不等于创新。他说我们今天谈创新特别多,但是从某种程度来说,我们今天追求的创新,真正能够转换成有用的、能够实现的、能够持续的并不多,而相反很多我们认为过时的产物,反而在我们生活中起的作用远远超出我们的想象,这就是观念的变化。在和朋友的对谈中,我更进一步说,他说的只是一个方面,包括今天我们为什么这么大力追求创新,好像没有创新,就生死攸关了,就无法发展了,这样一些最基本的价值观的变化和选择,决定了我们今天面临的严重问题。在这种情况下,呼吁博物学复兴,呼吁公众参与是有价值的,但是如果没有深层价值观的转变,这件事就很难做起来。而且还有一个观察,就是说博物学在西方发达国家中虽然在科学意义上是衰落的,但是在社会层面来说并不衰落,而且很有活力。比如观鸟、看鲸鱼、观察植物、野外远足等这样一些活动就十分盛行。

还有一种预言,随着中国经济进一步发展,中国也会走上这一条道路,这是其第一个愿望,但是对这个愿望我很怀疑,我觉得不一样,我们有些特色的东西不一定跟别人都一样,因为我们有时候坚持的一些观念,反而更接近现代性的追求。我们从发达国家那里选择了过什么样的生活方式,当我们有了钱,我们的GDP增长了,我们消费的时候,我们消费主流是什么?是出国买奢侈品,而不是到哪儿看看鲸鱼、看看鸟这种自然的东西。这种观念背后是什么?还是一个现代化、物质化的资本追求。类似的话,其实在科学史上,爱因斯坦早就讲过,既然今天科学如此发达,为什么人们的幸福感反而没有同等增长,却变得更加焦虑了。几十年前说的话,到今天我们更加数字化、手机化的时代,变得更加鲜明、更加尖锐了。

所以在这个意义上来说,我说很难,但是很难仍然很有价值,很有意义。我们也开始有了一些转变,我们开始意识到绿水青山和金山银山的问题,其实讲金山银山还只是意味着财富。至少我们认识到绿水青山和博物关系密切,也许将来更进一步发展的时候,绿水青山本身就是绿水青山最大的价值,也许那时候才有更根本的改变。当然刘华杰讲到科普,我们今天的活动是不是在某些归类里被归为科普，就像博物学归为科学一样。如果我们采取多元复数的概念，我们说博物学也是科学的一支，这样的观念也挺好，也就是说，我们觉得科学是有不同形态的，我们这里只是关注了博物学这个形态。但是这个形态、这个传播，我们还可以关注，它也可以是科普。但是谁关注呢？其实我们的社会，从主流的科普来说，对它的关注是不够的。或者即使关注它，现在科普读物也有很多关于自然的、分类学的，关于植物、动物的等，但是那个目标和刘华杰的目标并不完全一致。在现在的科普活动中，可能小朋友进不了实验室，于是就会先去研究那些虫子和动物，为你以后进实验室解剖那颗种子，去磨碎那个动物研究它的DNA做准备，而不是一开始，就保持一种跟它做朋友的亲近的关系、天然的关系，共存共处，对它抱有热爱和尊重。这种在现在的科普中不能说没有，但这类的书和作品还非常少。也就是说，我们主流的，包括主要来自政府资助的科普作品，仍然是和意识形态、价值导向有关的。

因为我不像刘华杰那么专业，我评论刘华杰的书，以前写过一些书评，比如我开玩笑说他就是拈花惹草的爱好者，很热爱观察，很专业，我也参加他们的一些活动，参加过一些学术讨论，但是人确实不专业。但我认为即使这样，仍然可以分析出他的爱好和工作具有很重要的意义，这本书更具有研究性。

在国际上，我们又看到另外一个反差，在国际上科学前沿研究实验室的研究、基金资助等方面，博物学是衰落的，但是在文化研究、历史研究这些领域，却有相当多的人在做关于博物学的历史和文化研究工作。但是在我们这里，对博物学也是有歧视的，就像我们在研究科学史时一样被人歧视，否则的话，为什么我们博物学史的研究没有西方那么多？西方近些年来，在科学史研究对博物学这样一种传统的关注的转向是非常鲜明的，研究者越来越多，但我们这儿远远没有达到这种程度。所以这本身也是有意味的，科学史算是人文研究的领域，但是在人文领域，同样可以看到类似的问题，比如在讨论全球化问题时，我们会发现我们大多数人文学者更像是经济学家，是以赞成的、促进的、支持的态度来讨论现代化，讨论全球化问题，生怕它发展得太慢。

而反过来说，我们看国际上的人文学界，关心像全球化这样的问题的，更多是一种人文领域的批判性、反思性的观察，这同我们这儿相比是有差异的，其实不仅是科学的问题，人文学界和人文学界相比同样有这种差别。当然在这种情况下，刘华杰他们能够坚持下来做这样传统的、模式的、主题的研究，而且坚持下来，开始有一些成果，有一些影响，我觉得这件事是非常值得欣慰的。我们现在看到市场上一些博物类图书有所兴起，一些文化层次较高的人，比如白领阶层的人，也开始转向注重博物的生活方式，我觉得这其实是一件挺好的事，但是我绝不认为这是很乐观的。比如刘华杰作为博物学家，他身体挺好的，他没事去爬山，去看花看草，要走路；但是更多有钱的白领，他关注的是健身，那些人健身更多是到健身房里，用现代化器械，而不是真正到大自然中按照天然的方式健身。所以人们在观念和价值上有很多冲突。我们愿意在博物学传播和倡导上有更多工作，虽然很难，但很有意义，实际上是非常有价值的事情，刘华杰他们确实功不可没，而且他带的学生们也开始独立地开展自己的系统研究，出版各种著作，刚才他举的例子，包括翻译写作，是启动式的阶段，我希望这个阶段能有更多的同道予以支持，使他们推进得更顺利一些，尽管阻力是如此之大。谢谢！

主持人：谢谢刘老师！其实这本书的引言有一段话，证明不是为了一统天下，而且为了相对地澄清边界、明确对象，博物活动涉及认知，但不仅仅是认知，博物学被遗忘得太久，现在人们习惯把它纳入科学的范畴，在科学的标题下进行思考，这虽然有一定道理，但缺点又特别多。刘华杰老师刚才提出平行理论，认为博物学是跟科学平行的一套理论体系，其实我还想深入问一下刘华杰老师，您讲到目前可能更多是把博物学纳入科学或科普的体系下思考，这样做缺点很多，究竟有什么缺点呢？您刚才讲到那么多，我们之前都没有想到他们是博物学家，我们之前可能会想他是动物学家、自然科学家、海洋学家、历史学家、作家，但我们从来没有用博物学家这样的话语体系或者认知系统考量他们，您觉得这样的缺点是什么？原来所做的，是否没有更多地强调博物学科或者体系的概念？

刘华杰：主要一点是双方可能互相不认同。比如张三是博物学家，张三又自称科学家，可能有很多人不同意。谁不同意？科学家不同意。"你做的东西也叫科学？我们的科学是有门槛的，而且门槛很高。通常要有洋博士学位，国内也要985大学拿的博士学位方可做科学。"如今做科学家，是有硬指标的。要像挤牙膏一样均匀地、持续地发表SCI、EI水准的论文，这才叫科学家。博物学家能发表吗？博物学家做的东西太肤浅，科学家瞧不起博物学。很多人既是科学家，又是博物学家，但是他们一般不敢，也不愿自称博物学家。如果说某人是博物学家，相当于用了一个贬义词，不是褒义词。意思是，此人做不好科学才去做博物，就像做不好科学去做科普一样。

反过来，博物学家也可能也不认同某些科学家，并不觉得科学家是褒义词。可能觉得博物就很好，为什么要像科学家？科学家也并不都是好人，就像博物学家也并不都是好人一样。博物学家也有很多坏人，全球化过程中掠夺别人家的财宝，抢夺别人家的动植物资源，博物学家也曾冲在前面的。从认知角度来看，博物学的确肤浅，但是它讲究普遍联系，横向比较发达。它重视"生活世界"，生活世界就是我们日常的吃喝拉撒睡，人类所有学术最终都要服务这些东西，背叛、遗忘这些东西就有问题。胡塞尔为什么说蒸蒸日上的当代科学有危机？危机就是它遗忘了生活世界的意义基础！而现代高科技，遗忘初心，在乎的是资本升值，在乎对他人、对世界的操控。

我提倡平行论，换个角度理解更容易理解，博物学像什么？博物学很像文学。在文学和科学之间它更像谁，它更像文学一点儿。博物学中有科学，这没问题，文学中也有科学，政治中也有科学，不能因为包含科学的内容，就说它是科学的子集、收敛于科学。能说游戏就是科学，文学就是科学吗？肯定不能。博物学更像文学，文学永远都会有，我相信博物学也会长久存在下去。科技既不愿意收编博物，也不能收编。

主持人：刚才刘华杰老师还讲到无用而美好，还举了孩子的例子，今天是非常特殊的日子，今天是父亲节，我也向在座的两位父亲和台下众多父亲致以节日的问候。

刘华杰：当父亲很难的。刘兵有一个女儿，我也有一个女儿，我们的女儿都很乖，学习也不错。我女儿在日本读研究生，他女儿工作了。我们那个时候只让生一个孩子，不要问为什么，反正就是不让你生。现在让你多生。当时为什么会要求只生一个呢？基于科学的标准，只能生一个。现在为什么让你生两个或多生呢？基于科学的标准！这是外部强制性干预，每次干预都似乎极其有道理的，基于理性，基于计算，基于逻辑。从博物的角度看，不需要过分干预，百姓愿意多生就多生，愿意少生就少生，学者和管理层不要自作聪明。

主持人：华杰老师，一直以来博物观念都在您的血液当中，您觉得您的博物学家身份对养孩子有什么启发吗？

刘华杰：我的小孩没什么特别的，但是有一点儿挺好。从小带着她出去玩，到处走，带到一定程度上她就可以自己玩了。她去过尼泊尔，我没去过；她先去的台湾，我后去的台湾。她去的国家比我去的国家多许多。旅行长见识，是一种重要的自我学习过程。让她出去观察世界，了解世界，是很好的学习。像梭罗讲的，荒野是一个大课堂。大千世界，有人或无人的地方，有不同文化和不同的自然条件，孩子出去瞧瞧，能开阔眼界。直接的好处是孩子会写作文了，这对高考可有好处啊。孩子会写作文肯定是重要的。小孩博物，作文水平容易提高，因为有内容可写，有观念想表达。

刘兵：我女儿在工作之前几乎没有出过国，更多是在国内转，但如果在博物意义上说，也许我女儿更成功。因为从小开始，我就带着她参加观鸟小组的活动，这样的爱好后来一直持续下来，而且发展到很专业的境地，她在北京观鸟群体里算是级别比较高的观鸟者，而且自己后来也翻译了这些方面的书，今天做的工作也是博物文化出版方面的编辑，甚至除工作以外，她日常的生活爱好也在此，当有一些年假时，她会非常精细地分割开来，搭上几个周末，计划到什么地方去，去野外观鸟。她的生活方式倒是更加博物一些。

刘华杰：刘兵的女儿叫刘天天，是个超级观鸟爱好者，水平很高，她最近主持翻译了英国一本有名的书《丛中鸟：观鸟的社会史》，也是北大出版社出版的，从社会史角度讲英国人为什么喜欢观鸟，作者是英国的斯蒂芬·莫斯（Stephen Moss）。

主持人：我觉得今天听了博物讲座之后，可能很多人都对博物学感兴趣，甚至将来也会更关注博物学领域的发展。因为大家知道高考刚刚结束，我们还在阅卷当中，其实在活动之前，我们也有刚刚结束高考的孩子问我们，他对博物很感兴趣，但大学是没有博物学专业的，那么他在大学选专业的时候，选什么专业能够更接近博物学呢？

刘华杰：选什么都行，博物作为一项爱好非常不错，直接靠它吃饭不现实。既然主流体系并不承认博物学，现代学科名录中没有博物学，那你就不要强行做这种东西。你搞计算机科技，可以有个博物爱好；你研究分子生物学，可以有个博物爱好；你经商或当官，可以有个博物爱好。这不都很好吗？有些事情，直接去做反而无趣了。但每个人要有独特的业余爱好，会比较有趣味。作为高校老师，我有责任告诉学生，世界上有博物学这个东西，历史悠久。怎么个玩儿法，具体怎样操作，你们自己去做。

主持人：华杰老师有一个博物学文化论坛，主要是讨论什么呢？

刘华杰：与博物相关的任何东西都可以在我们这个论坛上讨论。第一届是我出钱，在北京大学人文学苑召开的；第二届在北京商务印书馆；第三届在成都白鹿小城；第四届是今年秋天，将在广东中山市举办。论坛讨论一阶博物学和二阶博物学，以后者为主，研究历史上英国人、日本人、法国人、中国人怎么博物，博物馆收藏是怎么建立起来的，人们的博物兴趣爱好是怎么演变的，博物和认知、教育、环保有什么关系，也可以讨论博物有什么害处。

主持人：刚才讲到绿水青山就是金山银山，我们国家现在处于城市化进程中，我们有大量的青壮年劳动力，很多时候在农村看到的只是老人和更多的留守儿童在他们的家乡，很多土地出现了荒山荒土的现象，从博物角度来讲这是好事还是坏事？

刘华杰：这个事情很复杂，也很敏感，它涉及我们国家的土地政策，涉及所谓的社会安定和政策的认同，非常复杂，也涉及城市化问题。但是有一点儿是明确的，要深入领会绿水青山就是金山银山，是很难的。领会很难，落实更难。让一个地方领导干部落实绿水青山就是金山银山，怎么去操作？怎么考核？绿水青山就是金山银山，这是一个比喻的说法，就像科学技术是第一生产力，就是打比方的说法。所有格言都是打比方的，不可做"量纲分析"。在座的有学物理的，学理科的都知道"量纲分析"。绿水青山就是金山银山，在量纲上就不符合。时间就是生命，时间就是金钱,这样的格言,无法用量纲来分析。格言不能按字面来理解,应该按隐喻的意思来理解。

我们现在农村问题非常多,我是农村长大的。北京人可能不了解农村,从北京天安门向北走,走上百公里就可以看到中国真正的农村。极其落后,超乎你的想象,贫穷、落后、愚昧等。环境还凑合,为什么还凑合?因为为了保护首都北京,他们做出了很大牺牲,没怎么发展工业。中国有些地方超级发达,有些地方超级落后,有些地方环境被破坏得很厉害,有些地方环境还不错,这就是中国复杂的状况。土地国有或集体所有,其实操作上还是掌权人说了算,百姓并没有所有感,而保护环境、生态,土地政策和法治很关键。

刘兵:刚才的问题有两个方面,农村面临城市化的威胁,只有很多的留守儿童和老人,导致当地越发荒废,这是一种解释。但我们从博物学的角度来说,这里的环境却又很是天然的,非常健康。一个没有被污染破坏的环境,实际上给博物学提供了一个观察体验的理想对象。举个例子,其实以前我们可能听过一些报道,以前在韩国和朝鲜,因为历史原因有一个三八线,三八线后来很多人游览,那儿是一个重要的参观景点。三八线由于是特定地区,就有相当开阔的无人区,没有人能去的地方,结果过了很多年,在那些没有人干预的地方,变成了生态多样性特别好的状态。因为只要有人的活动,就会对自然环境构成破坏和危害。我们今天谈到国家公园,国家公园意味着什么,或者自然保护区意味着什么,这是要让我们尽量留下一些少有人干预破坏的、纯粹天然的东西,作为一种资源,标本或者什么。在这些地方,人为的干预少一些,对天然环境是有好处的。如果说像现在很多发达地区那样，对生态环境的破坏延续下去，就会带来很多物种灭绝。将来博物学家观察一棵树的时候，就像科幻小说里说的，也许过了多少年，树这种植物恐怕就只有在图画中才能看到，就像今天我们看恐龙一样。我们今天尽量少去干预和破坏，将来博物学才有可以观察体验的对象。而我们不得不干预的时候，当我们有博物学意识传播后，和自然亲近时，我们也不会以那种对抗的、压迫的、破坏的方式去干预自然，让它更加迅速地恶化。这也是博物学教育文化传播的另外一个好处，会对于人们不得不干预的环境带来最大限度的保护，我觉得这也是一件好事。

关于农村和城市化，这个可以争议，可以讨论，比如我们为什么要城市化？大家也看到，人们往往说旅游是干什么？今天有一点儿文化档次的人不大可能愿意再去真正的闹市旅游，而是追求去一些更加天然的、碧海蓝天的地方去体验。你天天在王府井上班，还渴望在休闲时去纽约最豪华的地方吗？但是作为生活的现状，人们都涌向城市。至于农村目前的状况，我觉得也要分成几种极端的类型，一个是在种植、耕地、养殖的方面，我们有很多土壤被化肥、农药、重金属污染破坏，而在更加贫困的地方，反而有更多的高污染企业，对那些地方反而有更大的破坏。在一些很偏僻、很荒芜的地方，可能是因为它的各种地理环境条件的影响，没有更好的经济效益，反而在某种程度上会保存下来一些天然的环境。当人们都涌入城市的时候，城市里的生活环境是非常不自然的，是生活在钢筋水泥混凝土中的，大家想要游览休闲，又会想到荒野农村去，这时候我们又有多少地方可去呢？《沙乡年鉴》里面有一段讲旅游就讲得特别好，大意是说旅游并不应该是把道路修到哪儿，而应该是把自然的东西修到人们的心里。

刘华杰：我观察了一下，今天在座听众的性别是不对称的，女性居多。我们在很多场合讨论博物学，也发现了类似现象，女性要多于男性。这意味着什么？不好解读，可能要由性别专家解读，但是可以猜测，女性在某种程度会更喜欢博物学，我们这本书中专门有几章讨论了女性博物学家。历史上，特别是维多利亚时代，女性在博物学上扮演了非常重要的角色，在教育中也扮演非常重要的角色，而现在的科学恰好太男性化了。科学家中为什么女性比较少？可能一个原因是科学不适合女性，这没有贬低女性的意思，女性可以做更好的事情，而那些事情让臭男人做就好了！女性可以做更高雅的事情，比如博物学，也可以做文学。性别是很重要的方面，刘兵老师研究科学史当中的性别问题，对于性别问题跟博物有没有关系，刘兵更有发言权。

刘兵：我仅就刚才的问题提供一种可能的解释。比如按照某种生态理论的观点，认为我们的主体社会很多年以来一直是以男权意识形态为中心的，女性是受到压迫的。类似地，他们还有一种观点，认为当人类迅速发展起来，科学发展起来后，自然环境也是一个被压迫、被欺凌的对象，而在这种生态主义中，至少有一派的观点认为这种对于性别的压迫和对于环境的压迫，其实在思维模式上是有同构性的。即先把对象进行分类，分类时认为不同的对象价值不一样，价值高的对于价值低的进行支配和压迫就是合理的。在这个意义上来说，这派理论认为对于性别平等的追求和对于环境问题的解决必须是同时的，如果不从根本的思维框架上解决问题，则不可能只解决环境问题，而保留性别歧视，或者只解决性别平等，而不解决环境问题。这两者是同构性的。当然类似地，对于性别和博物，其实有更多的值得分析的地方。包括对于科学的反思,至少按照性别科学史的观点来说,我们今天的科学也是打上了很强的性别的意识形态烙印。比如今天科学讲的理性的、客观的、数学的、抽象的,在男性和女性的二分里,这些都是男性占优势的地方,恰恰这些东西强势,也带来我们今天很多的问题,包括对自然的征服利用、人定胜天的观念,都是这种思维模式的体现。

主持人:两位老师讲到性别的时候,我作为女性,也看到这本书跟性别相关的一些论述,我和大家分享一下,其中有一段这么说:如果说对数理科学和还原论科学的线性推进,男性一直唱主角。在面向生活世界的博物学当中,女性则一直扮演着重要角色。记录下来的只是百分之一甚至千分之一,自然、大地与女性之间,天然存在着象征性或者隐喻性联系,而以可持续发展的逻辑来考量,以求利争速、意欲征服和控制为特征的男人理性,则可能因为导致世界失衡而招致批评。

所以我想这跟博物的很多观念还是蛮像的,更强调更多的联系、共同体的概念。书里还举了关于菲尔普斯夫人的例子,就是大众植物学方面的例子,他说:菲尔普斯不无感慨,难道科学是唯一的理解自然物的方式吗?真正的科学人已经厌倦了将这一伟大主题传递给小脑袋瓜们,他们改变了用力方向,现在正寻求将他们自己的研究推进到新的发现以及探索领域。在这个方面,可能没有哪门科学像植物学一样经历了如此剧变,它似乎正处于不被学识渊博的教授圈子外的人所理解的危险之中,就像19世纪初期那样转了一圈回到原点。随着植物结构知识的日益完善,有一种不利于在普通学生中培育植物学的倾向。我们将鼓励所有人尽其所能学习所用知识的所有分支,无论他们目前处于何种境地，尤其是我们将从那些不肯妥协的植物学家的严格把控中，拯救那些花朵。上帝用它们使地球美丽多姿，但是那些植物学家却禁止以其他方式研究植物，只允许那种在那个他视为最严格科学的特别方向上。

大家如果感兴趣，可以看更多本书里面的内容。下面我们进入现场互动交流的环节。

观众甲：我来自清华大学历史系，我的老师是研究环境史的。因为您这本书我也买了，我最近也在做相关的女性和自然研究的小文章，我想听老师简要讲一下人与博物学的互动是如何作用于人与环境的互动的。刚才两位老师提到能够改善与科学的关系，能够改善用科学来毁坏环境的一些思维模式和价值观，我感觉这应该涉及很多方面，所以想听两位老师系统地讲一下有几种可能。除了老师讲到的生态女性主义，老师还有没有对于这个方面其他的新想法？因为目前能够看到的女性与自然关系的研究，基本都是生态女性主义脉络的。

刘华杰：你问博物活动怎么改进或者影响人与自然的关系问题。博物包含认知，但不限于认知，博物是一种传统的生存智慧。在我印象中，它不仅仅是人类所独有的，动物也可能有动物的博物学。《动物世界》你看多了的话，会发现动物和人一样聪明，我们和动物差别不大，实际上我们也是动物的一种。动物具有生存智慧，植物也一样，智慧怎么来的？是长期进化而来的，科学方法如何来的，也是一样，长期试错演化而来的，科学哲学家波普尔就强调这一点。博物为什么值得推崇？就是因为它的要求不过分，不过分贪婪。比如草原上的狮子，狮子一天都干什么？中央电视台《动物世界》经常播出的画面是狮子在狩猎。因为狩猎场面才有观赏价值，所以反复播放，但实际情况并不是这样。狮子大部分时间是在睡觉，剩下很长时间和小狮子玩耍，狩猎时间是极短的，只是饿得不行了才狩猎。即使狩猎，也不会咬死一只放下再咬死一只，我们人则是挣了一个亿还要挣另一个亿。只有人能干出这种事情来，狮子在这方面是值得我们学习的。我们人类太贪婪，狮子却不把动物咬死一堆，建冷冻库房储存起来，实际上狮子愿意吃鲜肉，够吃就行。

现代性逻辑推崇的东西，单个看，小尺度看，似乎都不错，但合起来看，整体上看，就有问题，而且问题颇大。推动高科技创新，像吸毒一样，吸毒可以让人快乐，吸毒唯一的坏处就是不可持续（当然也伤身体）。现在科技唯一坏处就是对大自然影响太大，不可持续，不可逆。它有没有好处？好处太多了，比如可以让人兴奋，暂时品尝满足，但会上瘾，迅速感觉不满足。考虑人的活动对环境的影响，因为我们上瘾，因为我们过分贪婪，大自然不堪忍受负担。大自然在演化，人也在演化。但是人演化太快了，人有高智商，技术又厉害，导致人这个物种非常另类，与大自然不相容。从上帝的视角看，人这个物种最不道德。有没有解决办法，没有看出有什么简单的解决办法，唯一的办法是慢一点走。但是多少人认同慢一点走呢？很少，博物可能会让你认同稍慢一点。注意，不是停下来，只是慢一点就好。马俊仁、马化腾、马云，所做的工作主要的仍然是让马儿快些走，实际上可以慢些走。要欣赏人生风景，急什么？终点都一样。

刘兵：我们现在总结就是，不作死就不会死，为什么还在作？为什么不慢下来？博物学本质上是让人们慢下来，看一朵花,看一种植物,并不是要功利地把它们变成自己增加收入的资本,实际上,慢不下来是因为有更深层的观念的影响,比如我们觉得这个人不进步、不创新,是保守的。在其他文化中,在某种语境下,我们依然认为保守是贬义词,其实保守主义在些时候也是一个褒义词。

第二个问题,原则上讲性别的研究,比如说跟科学有关的研究,这些间接地和环境都有关系,但是最直接的跟博物和环境有关系的就是生态主义,因为主题是既关涉性别问题,也是从性别视角关心环境问题,当然这里面也有伪关注。比如现在环境科学家,搞环境保护研究,这里面设置有女环境科学家奖,这个奖是什么?这个奖大多数时候并不是从性别研究或女性主义的角度,只是因为获奖者的身份证上的性别是女的,又碰巧搞了环保研究,所以做得好就得了奖。而真正的从性别视角来研究,直接的关注就是生态主义,特别是在生态主义里面又分成很多支派,特别值得我们关注的像是第三次浪潮中的生态女性主义,我们可以从那个角度来关心发展中国家面临的特殊问题。比如印度的经验,就直接跟生态问题、环境问题相关,第三世界生态女性主义也会直面与环境有关的工业化、转基因、种子等问题,甚至女性生殖技术、生育技术这一系列的发展。从最早以中产阶级白人女性价值作为主流的核心,扩展到现在的少数民族、有色人种等更加边缘化、多样性的立场,我觉得在生态主义的这个资源是非常丰富的。做环境史,从性别视角来看这件事,确实是非常有趣的。而且这个性别视角,除了单纯讲人和动物性别的相关性、作为基础的性别意识,像如何看待战争、如何注重关爱,这种差异在不同性别立场上会有不同结果,但是又被不同的价值给予了不同的评价。所以恰恰是因为历史的原因,这些不同的评价导致了我们今天面临的诸多问题，性别视角的研究对此也有很多有意义的纠正和反思。

观众乙：我是清华生物医药专业已经毕业的学生，还是博物馆的志愿者，我想问怎么理解博物学和博物馆的关系。一点是刚才刘华杰老师说博物学实际上是不太倡导科普的，而博物馆是以科普为主要目的。还有一点，博物学和自然关系相当大，而我们现在的博物馆大多数更偏向于展出一些人类文明的展品，也许把它叫作展览馆更合适。所以怎么来看待这样的关系？

刘华杰：博物馆这个词与缪斯女神有关，自然博物馆与大自然关系非常大。可以到大英博物馆和卢浮宫博物馆看看，有很多宝贝是从世界各地搜刮来的。中国博物馆从域外搜刮来的东西比较少，因此就可以证明我们特别缺乏西方人的侵略品性。现代的博物馆，特别是科技类博物馆，更加注重人这个物种的创造，更加重视展示现代科技产品，对古代的东西不太重视。但是从商品价值和文物角度来看，现代科技的东西几乎一钱不值，比如你用的手机，一旦购买到手就没什么价值了，用后处理它们还要交环保费。明清家具、老茶杯、旧瓷碗反而比较值钱。而现在的科技类博物馆变成了展示馆，强调声光电，展品用后就是垃圾，这跟其他现代产品一样。

刘兵：因为都有"博物"两个字，所以会有这样的联想，其实这是两回事。博物馆也经历了自身的从最初的收藏，到后来的展示，当然到今天的科技类博物馆又变成科学中心，是从那个传统过来的。当然中国古文字意义上的博物，不仅包括自然物,也包括人工的瓷器古玩,跟那个博物在意义上有相似之处。但是跟西方主要以自然为对象的观察系统、分类研究,因为有"博物"这两个字人们就有联想和混淆,实际上不是完全一回事儿。

观众丙: 因为我也是一位父亲,也有一位女儿,也是来自北大,今天听了两位老师的演讲我有一个感悟,我觉得博物有几个境界。

第一个境界,有物无我。不管是一朵花还是一只鸟,世界万物都是我研究的对象,去研究这些东西,博大精深的这些物种,不管是植物的还是动物的,只要是生物,只要我能够研究,我就愿意研究它,这可能是第一个境界。

第二个境界,无物有我。其实博物学今天走到这个境地,虽然华杰老师说要和科学分开,要平行,实际上还是要解决博物学自身地位的尴尬。如果我是博物学家,人家可能说你属于科学家的范畴,是研究鸟的,研究花的。其实解决物的博,反观内心是自己的博,为什么今天来的女士比较多?因为女士的情感要比男士更加丰富,更加细腻,所以她对博物学这个题目可能并不懂,但是她对这方面感性认识更细腻一些。实际上真要像两位老师鼓励自己的孩子搞博物学方面的理论或者实践的话,实际上更加丰富的不是鸟类或者鱼类,更加丰富的是自己的内心世界,丰富的是你自己。尼采有一句话,当你凝视深渊的时候,深渊也在凝视你。其实你在看一条鱼、一只鸟的时候,那只鸟和鱼也在看你,实际上这种反观是让自己对社会、对人生、对世界有一种感知力,让自己的生命更加丰富。实际上对那只鸟来讲没有意义,它并没有因为你看它,它的生活就会更好,这是不存在的。

第三个境界,无物无我。实际上你看任何事情都是一种听觉或者视觉神经在你大脑当中的反映，《金刚经》有一句话："一切有为法，如梦幻泡影。如露亦如电，应作如是观。"说你看的任何事情，它最后就在你内心当中只是一种印象而已。王阳明的心学也说：你看花开，你觉得它开了，其实你不看它也开，但是你可以不看花开，你觉得花开了也可以，那朵花开不开和你有没有意识到是两回事儿。所以你真的能够把物和自己打通以后，我觉得中国博物学家完全可以对世界博物学领域做出我们独到的贡献。

刘华杰：你刚才提到中国博物学的特点，中国博物学确实非常了不起，但是我们现在不宜一开始就说我们博物学怎么了不起。我们先研究西方的，回头再整理我们的博物学。中国博物学史上近代有一个很厉害的人叫王世襄，著名的玩儿家，明式家具专家。他会写文章、会做菜、会养蝈蝈，我们博物学家和西方不一样，我们有我们的特点，中国博物的境界也不低。佛教思想很不错，但是我个人以为，不宜一开始就倡导大乘佛教。大乘的空论很难理解和操作，还是要从小乘入手，从有论到空论比较合适。博物学也有它危险的方面，教育孩子也要小心。孩子过分迷恋自然物，而忽略和同学、同伴、社会的关系，会导致自身社会性的丧失。我个人就有点这个倾向，这是不好的，我不太喜欢和人打交道，我知道这是缺点，从来没有认为这是优点，所以在这里要提醒大家：我们要做到平衡。我们提倡博物学不是要跟科学对着干，而是要跟科学取得适当的平衡，因为现代科学太强横了，所以我们要平衡，而不是要取消科技。提倡平衡论，是要为自己争取那么一点儿可怜的权利，而不是取代它，取代不了的。

刘兵：刚才的说法挺有意思，这三种境界不仅仅对博物学成立，你画画，你收藏，甚至你练武功、练气功都可以是这样的。但是对博物学来说，首先，毕竟它是有递进的，你要达到最高的境界，还要从最低的境界开始，至少从有物的支撑认知的东西开始，先有了它你才能忘了它。其次，到第三个境界，原则上是可能的。但一种可能是很多人达不到，普通人没有进入那个境界；还有一种可能，到那个境界可能你信仰佛教的，信仰基督教的，不同的理解有一种整体上的相似性，但是具体上可能大家对物的方式、我的方式会不一样。所以只对你特定背景下某些人，可能有一种解释的意义。但是对于另外一种人可能不一样，当然这是少部分的人，但是这值得关注，值得注意，确实是存在的。而且确实是很多人，不仅是玩博物的，也有玩任何其他修炼的，都在追求境界，这也是很正常的，博物并不例外。

观众丁：我是搞传播的，我感觉现在这种城市化、工业化、信息化特别不利于博物学。因为我是东北一个小城市长大的，我记得我小的时候七八十年代特别有意思，我们城市周边都是荒野，那个时候也没有房地产，全是那种草甸子，小的时候去玩，抓各种小动物，蚂蚱、蜻蜓，小时候的生活给我很多记忆，像我孩子现在十几岁，他就没有这种，而且现在的人越来越远离自然，没有Wi-Fi的地方，可能现在的孩子几分钟就受不了了，要赶紧找Wi-Fi，大家不会去自然的地方多待几分钟，好像那样脱离了社会。大家都愿意到高楼大厦，我们知道那种地方环境特别差，而且马云还让我们加班到十点。别看CBD那些人年薪很多，但他们的健康是非常危险的，所以现在这种环境下，怎样让我们的孩子，让下一代愿意投入自然？其实您说的博物学是我们应该提倡的，但是好像在这个阶段，我觉得还不如我的儿童时代。

刘兵：真的没有什么一定之规和有效的建议，因为每个人的环境，甚至承受力都不完全一样。但至少意识到这个问题，我觉得就是有意义的事，因为至少还有很多人没有意识到这是一个问题，甚至有些人觉得那就是最高大上的生活。有这个意识是很重要的。这个意识在什么程度上能够实现，可能不同的人不一样。换句话说，你也有自我价值观的判断，如果说你觉得将来让你的孩子在82层的CBD大楼上工作，不是一个好的工作环境，那么如果让你的孩子未来真正在大田里插秧，在这两者间去选择，你会选择哪个呢？其实你也有一个平衡，也未必你一定就会选择哪个，所以这都是相对的平衡和妥协，也许你可能让你的孩子选择既可以在CBD那儿工作，又有更多年假可以到乡村呼吸新鲜空气。可能是这种情况，但也可能有更极端的人，说干脆我就放弃那个，现在也不是没有这样的人，就是要回归自然，自给自足地生存，甚至在高校中都有人做出这样极端的选择，尽管我们绝大多数人还是顺从主流的规则。所以我觉得这取决于个人的承受力，先有这个意识，然后能够在什么情况下接受这样的改观。

刘华杰：重要的是选择。我们现在有一定选择权，今天讲座都有一定的选择权。提及博物，也是希望给大家多一种选择权，至于敢不敢选择，那是你的事情。任何选择都有风险，随大流，人家怎么做自己就怎么做，那也是一种选择，风险相对小一些。你可以让你的孩子不读大学，你可以搬到山沟里去住，这都是有可能的，但是有重大风险在里面的。

刘兵：这个事没有什么好建议的，只能按照个人的情况做可能的选择而已。

刘华杰：刘兵提到的第二个方面，是要多放假。现在是生产过剩的年代，我们现在一个星期有两天休息，在以前是不可想象的。一个星期怎么可能让你休息两天，这影响生产啊。现在我们有假日办，据说假日办的研究工作主要是清华学者做的，我们有点意见。现在把五一黄金周取消了，这不应该啊，老百姓多休息几天有什么不好的？许多中国人没有黄金周假期就少了许多，让企业自主放假不大现实。一个礼拜休息三天可不可以？完全可以，考虑现有的生产力水平，完全可以，为什么没有实施呢？还是因为商家、资本家、掌权人不同意，他希望多挣钱、希望时时展现权力意志。我相信一周休息三天的权利，是可以的，会争取来的；休息四天呢？也不是不可以；将来一个礼拜只工作一天也完全可以的。

刘兵：你要注意人群，就在北京生活的人群来说，每周只有一天休假，甚至连一天休假都没有的并不在少数，不信你去问那些送快递的、开出租的，而且这还不是最悲惨的。我们要有这样的意识，我们有这样能够休闲的条件，也不是天然的、自然的、理所当然的事情，要争取的事情还有很多很多。

主持人：我们今天也特别感谢两位老师能够来到我们"邺架轩·科学在身边"的活动现场，和我们一起分享西方博物学方面的知识。如果想了解更多博物学方面的知识，希望大家来看这本书——《西方博物学文化》，大家会看到这本书非常厚，其实它的可读性还是很强的。

刘华杰：补充一点，《西方博物学文化》的封面很特别，用的几张图是毕加索画的。印象中毕加索都画抽象的画，实际上他也画了很多具象的东西，他为新版布丰《博物志》画了许多插图，这次特意选择若干作为封面图片。

主持人：请两位老师给我们分享一下你们对于"博物自在"的理解和认识。

刘兵："博物自在"最终目标就是活得自在。

刘华杰：个人好好活着，大家也都好好活着。

丛中人与丛中鸟：品读《丛中鸟：观鸟的社会史》

此文根据 2019 年 3 月 23 日下午在北大书店举办的主题为"丛中人与丛中鸟：《丛中鸟：观鸟的社会史》新书品读会"的北大博雅讲坛第 166 期现场录音整理而成。

主持人（田炜）： 各位书友，下午好！我叫田炜，是《丛中鸟：观鸟的社会史》的责编，很荣幸客串今天的主持人。今天是博雅讲坛第 166 期的活动，博雅讲坛是北京大学出版社为弘扬传统文化和推广全民阅读而打造的高端文化平台。本次活动是由北京大学出版社、北大博雅讲坛、北大书店、当当网共同举办。

我们今天的主题叫"丛中人与丛中鸟——《丛中鸟：观鸟的社会史》新书品读会"。我们今天要读的这本书非常特殊，它是第一部为"观鸟"这个爱好树碑立传的著作，作者斯蒂芬·莫斯是 BBC 鸟类节目的当家制片人，同时也是一位资深的观鸟人。这本书因其巧妙的构思、丰富的知识和风趣的故事曾荣登英国《每日电讯报》的年度好书。

今天我们非常荣幸地邀请到四位嘉宾，他们是清华大学人文学院科学史系的刘兵教授，北京大学哲学系刘华杰教授，《丛中鸟：观鸟的社会史》译者刘天天女士，以及观鸟爱好者、其实也是中国观鸟会城市绿岛行动的领队杨雪泥。

大家知道，观鸟活动在近些年已经成为一种全球的时尚，但是翻阅历史就会发现，两千年前绝不是这样的，两千年前的古罗马，最高的行政长官中设有专门的鸟卜官，他们根据鸟儿飞行的形迹来判断国家大事、甄别举事的时机。鸟儿被看作神谕的象征。两三百年前人们视鸟儿为猎物，拿枪口对准这些飞翔的生灵。我们会把鸟毛当作头饰，当作衣服上的装饰，有时甚至要以鸟肉、鸟蛋为食。有一种叫作大海雀的海鸟，因为肉好吃，又特别容易捕捉，得到远洋水手的青睐，最后的一只大海雀也难逃"盘中餐"的命运，以致这个物种灭绝了。而在中国，我们传统上的"观鸟"更喜欢看"笼中鸟"。所以，我们可以看到，"观看那种自由飞翔的鸟儿"这件事并不是一开始就有，古今中外人们对待鸟儿的态度经历了巨大的变化。莫斯在《丛中鸟》中以17个动名词刻画了这种变化，特别是大西洋两岸人们对待鸟儿态度的变化。

下面，我们把时间交给嘉宾，请他们来分享《丛中鸟》带来的启示。我们先请这本书真正的推荐者刘华杰教授，谈谈为什么愿意把这本书推荐给大家？

刘华杰：实际上这不是一本新书，老到什么程度呢？现在是2019年，好像英文第一版是2004年出版的，我第一次见到这本书是2010年。大概就是在这样的场合，我在牛津大学附近的一个小书店闲逛见到了这本书，*A Bird in the Bush: A Social History of Birdwatching*。封面设计得非常一般，随手一翻觉得很有意思，读了几章，所以就花钱买了，也不便宜，当时英镑是很值钱的。回国以后推荐给若干出版社，出版社"叶公好鸟"者也不少，觉得挺好，表示愿意购买版权然后出版，若干年过去了还是没有动静，最终还是北大出版社把这本书版权买来了。经过了很长时间的翻译，终于在 2019 年出版了这样一本书，非常不容易。虽然它是一本老书，但是相对中国读者来说，还是非常新颖的。国内现在观鸟的人颇多，但是关心鸟类学史、鸟类文化的还是非常少。在国内相关的参考材料也非常少，我觉得用一句套话来讲，此书确实有"填补空白"的作用。中国学界评价一本书有多大意义，总是说填补了什么东西，好像原来到处是坑，所以要来填补。坑其实也是人挖的，首先要识别这些坑。现在我们认为观鸟是重要的事情所以才认为有这个坑，如果观鸟根本不重要，就不存在这样的坑。这是推出此中译本的背景。

主持人：我们请刘兵教授分享一下这本书里在哲学上、理念上或者说社会史上予人启发之处。

刘兵：其实我一直想，我有什么理由坐在这儿讲观鸟这本书有什么道理，我就给自己找一点儿理由。其中一个我觉得比较直接的道理，就是因为这本书的译者刘天天是我女儿，而且之所以我觉得能够有机缘让她译这本书，应该跟我二十多年前的努力有关。因为她小时候最初是我带她观鸟的，那会儿我觉得在国内观鸟还不像现在那么流行，还是比较初期的阶段。因为我很多年一直在一个环保 NGO 做点儿事情，这就是"自然之友"，它最早成立了观鸟小组，我记得那会儿带着她在周末去看鸟，那会儿学生也不像现在这样一到周末就得连轴转，一个接一个补习班去跑，所以还有时间到郊区、郊外观鸟。我这是属于无心插柳吧，因为这个机缘，没想到培养出了个"鸟人"。因为我在看鸟上是属于打酱油的，但我女儿就越看越专业了，后来也参与了很多组织活动，而且她在大学毕业以后，现在做的这个工作也还是跟出版，跟博物，甚至跟鸟还是关系特别密切的，她自己也在做编辑，这也许是第一个机缘。

第二，因为在像看鸟、看植物这种事情上我自己有一个弱点，跟华杰、天天比都是很弱的地方，就是说对于分类识别方面，我一直不行，我跟着华杰出去看了很多次植物，到最后我还是看得一片绿、一片花，弄不清哪个是哪个，观鸟也差不多是这样。但是我至少关心这件事，所以前几年我曾经带着研究生做的研究，也有这样的选题，当时是以北京观鸟会作为学位论文的题目，写了一篇很不错的学位论文，那篇论文后来全文正式发表了。

所以综合这些研究，就有一个很有意义的事情，我觉得观鸟在中国的历程，很有一些奇特性。观鸟的发展有这样一些因素：有些人是由于休闲，而且最早的起源还跟环保团体的倡导有关系，随后又有了休闲产业。当然也有一些是单纯地出于爱好，甚至于今天我感觉跟更多的退休人员的增加、照相机市场的发达、望远镜的引进等有关，不要小看这后面一点，这是很大的促进。但是这些都是市场的、文化的融合，政府好像很少有正式的鼓励，比如像搞科学传播、科学普及那样来组织观鸟的事情。换句话说，观鸟这种又健康又休闲，又能够学到知识，还体验自然、拉近人和自然的距离的活动，难道不是非常好的科学传播的活动吗？我们政府资助了很多高大上的科普活动，却没有把观鸟纳入进去。所以我让学生在科学传播的学位论文里研究观鸟，也是出于这样的考虑。

这本书我看过初稿，我觉得从学理意义上讲，观鸟更多的是个人的或者无意识的，或者有意识追求的也是参与式，但是这样一种社会文化现象，其实从这本书所反映的来看，应该是有很多很多年了，它启动起来作为一种群众性的运动，也有将近200年了。这样一种活动，其实完全也可以成为一个文化研究、历史研究的对象，这本书恰恰就是。当然跟华杰说的一样，我们的学术界老是一方面在挖坑，一方面在填补空白。但是挖的坑和坑还不一样，现在的学者们似乎更喜欢挖一些高大上的坑，属于那种很宏大的坑。但是很有意义的一些事情，比如观鸟这件事情，能不能也作为一个研究对象观察，得出一些更有意味的发现呢？在我刚才举的例子里，我给学生布置将观鸟作为一个论文题目的时候，一直是有争议的，有人觉得观鸟也能被研究吗？更多人觉得为什么要研究观鸟呢？从这本书我们看到，正好有了一个印证，在国际上，完全是可以把观鸟这种文化现象，郑重其事地对它的历史进行观察研究，虽然相对于别的领域，观鸟好像很窄，但是如果说从它的参与者、它的影响力和它对社会的积极效应，甚至它折射出社会文化的变迁、社会结构的变迁、生活方式的变迁上来讲，我觉得研究观鸟是很有意义的。

当然，这本书的另外一个特点在于，这部历史不是专业的历史学家写的，而是一个记者型的作者，同时也是观鸟爱好者写的。但是这样也是有得有失，"得"是在于它更加通俗，它不是以那种以学理拒人千里之外的书，不是拘泥于文献考证的那种书，我觉得这反而使它在市场上更容易被传播，更容易被接受，普通人都可以读。"失"则在于从学理上来说还留下很多空间，需要未来的更多的学理视角的分析。但是不管怎么说，它把这个历程给我们展示出来，提供了参照。昨天我和刘天天聊，她说了一个想法，中国观鸟历史的发展，类比的话，和国外好像也没有什么太大的差别。但是我倒是觉得，如果我们要找的话，还是有不少差别的，也许对这些差别的发现，需要通过读他们的历史，看他们发展的"得"或者"失"。甚至产业化，和我们的相比又会是怎样？我们有那么多政府花费巨大投入、让社会群众参与的科普活动，为什么不能把观鸟纳入进来？这里面也有很多可以让我们思考的事情，有很多值得探讨的东西，可以说这本书提供了一个出发点。

刘天天：前段时间有一个组织找人做过全国所谓的"鸟人"普查，按照他们的普查结果来看，全国的"鸟人"，按不完全统计，加起来可能也已经是六位数了，所以不算特别特别小的群体。而且这十几万人，还不包括像近年来出现的一个比较新兴的以摄影为主要目的的群体，如果把那个群体加上的话可能就不只是这个数了。当然观鸟的群体在发展的时候，我觉得非常有趣的是，其实它是跟技术，跟经济发展有很大相关性的，不是说单纯地大家突然对鸟感兴趣了，而是感觉这个条件到了，我们可以买相机了，我们买得起长焦镜头了，那么拍什么呢？我们拍鸟吧。他不是发自内心喜欢鸟、拍鸟，而是我有这个东西了，大家去拍我也去拍的这种现象。我觉得这个是很有趣的。

杨雪泥：首先我接触到这本书的原因非常简单，就是因为刘老师在课上推荐了这本书，刘老师知道我观鸟，所以他就让我做这本书的读书报告，我就接触到了这本书。我个人非常喜欢这本书的原因是，斯蒂芬·莫斯在这本书中反复定义现代意义上的观鸟是一种休闲娱乐活动，我非常喜欢他这种对现代意义上观鸟的界定。可能我和刘兵老师感受不太一样,因为我一开始就把观鸟当成一种科普活动或者科学传播活动,这可能跟我自己开始观鸟的经历有关。因为我观鸟比较晚,在大学本科的时候,我原来是在北师大读书,北师大赵欣如老师有一门公选课,是面向全校所有本科生的,叫"鸟类环志与保护"。那门课上赵老师就带我们观过一次鸟,他观鸟的态度非常专业,他不停向我们传播鸟类学、生态学的知识,那种专业态度让我非常感动,给我留下这样的印象,观鸟是科学普及和科学传播的活动。后来我跟着中国观鸟会观鸟,观鸟会的宗旨是"科学观鸟、尊重自然",所以这个印象我就一直不断在加深。当我读了斯蒂芬·莫斯这本书以后,我觉得他对现代意义上观鸟的界定,包括他把观鸟历史追溯到一些具体的个体身上,很多人那种消遣式的观鸟态度,我觉得和我的个性非常契合。

我个人观鸟比较闲散,也没有钱买高端的长焦镜头,不会拍鸟,也不会以科学的方式记录鸟的种类。我觉得观鸟文化是有多样性的,有各种各样的观鸟人,有的人一直参加竞赛,有的人追逐珍稀的鸟类,有的人就满足在本地观鸟,读了这本书,我认可了自己也是多样化的观鸟人群中的一个代表,不会因为这种态度很不科学或者太过于闲散,就不能被称为观鸟人。我特别向观鸟人群推荐这本书,因为我们现在中国大陆的观鸟人群,其实也是蛮多样化的,但是大家没有意识到这种多元化,很喜欢对圈内外人做出人为的划分,或者只接受以某种科学家认可的态度观鸟。我觉得当我们了解到观鸟的现代史,它的人群的多样化组成时,可能更有助于我们讨论一些东西,达成一些共识,这本书的可读性很强,不管是观鸟还是不观鸟的人,都可以读这本书。

刘华杰：现在中国的观鸟群体，简单讲大概可以分成两类：一部分看鸟，一部分拍鸟。这两个群体有什么差别？值得分析。以前我曾经听刘天天讲过一点，利用这个场合我请天天专门分析一下拍鸟和观鸟是怎样的两类群体？他们的差别是什么？你更倾向于哪一种群体？我印象中你是只观鸟不拍鸟。

刘天天：我觉得我不拍鸟还是因为懒，我买了相机就觉得拍鸟太麻烦了，还要处理照片，还要扛着机器出去。其实有时候大家讨论问题的时候，在某种非常正式的场合，大家不太愿意把观鸟人和拍鸟人分得太清楚，这里面其实很多人是分不清楚的。你说我拿着望远镜和相机出去，我拍鸟了就算拍鸟人，不算观鸟人了吗？好像也很难说。现在说到拍鸟人和观鸟人的时候，我们会把观鸟人定义为一个我会想知道我在看的是什么鸟、愿意为这个鸟花费更多精力、愿意为保护这个鸟做出一些努力、愿意让它生活得更好、在看它的时候不会影响它的生活、拍照的时候也不会做打扰它的事情的这样一类人。与之相对的，就是一些只为了追求照片的精美程度，为了离鸟更近，以至于影响到它们的生活，或者为了拍出一张好的照片，把前面的遮挡物去掉，这是两种人的区别。就像在书里我们看到的，这不是中国独有的，在书里可以看到有非常多的狂热的观鸟人，会为了离鸟更近，比如跳到湖里把鸟惊走了，或者把正在育雏的鸟惊飞，让它把自己的蛋放弃了。我看到这些以后觉得不只我们这里有，在英国以前已经发生过了，这或许是人类的本性，或者对鸟感兴趣的人里面有各种各样的人，有一些喜欢鸟的人却并不关爱鸟。

刘兵：我刚才所指的是政府在规划性、投资性认可的系统里，没有把观鸟纳入进来。杨雪泥的经历是为数不多的，能学习鸟类学，有机会能够学赵老师的课，并能够被吸引到这里面，这也是一种很幸运的机遇。那么，我们关心的是，观鸟人的心态、与鸟的情感关系、观鸟的立场究竟是什么样？很多人研究鸟，这本书里也讲到，把鸟作为一种研究对象，作为科学研究来观察。但还是有一些人不是为了这个目标，其实可能跟那种刘天天讲的观鸟人的对于鸟的关爱，那种情感、那种体验是不一样的。换句话说，拍鸟人的目标更像旅游一样，很多旅游者不是去旅游，而是去旅游拍照，最后旅游的结果就是留下一堆照片，这些照片有空还可以分类炫耀一下，如果没空就堆在那儿了。拍照投入很大精力，结果旅游过程中看到了什么，体验到了什么，这些更重要的东西反而没有留下。我觉得，人们有时候观鸟和拍鸟，可能就有这种差别，拍鸟要有高精尖的设备，照片可以用来在朋友圈里炫耀自己的技巧，但是这些人是否有真正发自内心的、对于鸟作为特殊生灵的那种热爱，我觉得倒是未必有，它更像是图像式的技术追求。这就又涉及观鸟的心态，我就特别想听这两位年轻的小观鸟人分享一下，讲一讲一个观鸟者在看到一种没看过的鸟、一个新品种，或者看到一个特别喜欢的看过很多次的鸟的时候，那会儿的内心感觉是怎么样的？能不能描述一下，这可能是非观鸟人未必能完全理解的。

杨雪泥：我非常认可刘兵老师的看法，我和天天一样是不太拍鸟的，为什么我也不拍鸟？首先是因为没有钱，其次，我也有那种普通的单反相机，也拍过一些鸟，但我感觉拍鸟是影响观鸟的，有时候拍到很清晰的照片还会很开心，但是有时候就会有想拍更清楚的照片的心态，心想，如果拍不到清楚的照片就无法和别人分享，我怎么向别人说明我看到了这只鸟呢？不只是看鸟，观鸟的人都知道听鸟是观鸟过程中非常重要的环节，如果你听觉不好的话，你是很难观鸟的，一般我们是先用听觉去找鸟，然后再用双筒望远镜去看。

我观鸟的过程中遇到一件特别有意思的事情，改变了我对观鸟的看法。那时候我刚开始和中国观鸟会一起观鸟，大家都在听一种沼泽山雀小鸟的叫声，我当时很新奇地想看到这种鸟。但是始终没有看到，当时我就很想增加自己的清单，思考要不要把它记到新增加的鸟种当中。一个领队老师告诉我说，如果你听到一只鸟的叫声，大家都确定它是沼泽山雀，你就可以把它记到你的清单里面。那时候我就觉得非常惊讶，原来你通过听觉可以辨认出一种鸟，你只要受到"同行"认可的话，你就可以把它算作今天遇见的鸟。那时候我就开始越来越多地、很单纯地享受听鸟的过程，而且是通过声音辨识一些鸟，其实听鸟比看鸟要更难一些。但是当我更多用我的听觉辨识鸟的时候，得到的单纯的享受会更多一些。因为我不会想到用录音笔录下来，可能没有形成这种习惯，因为听鸟的时候很快声音就没了，在瞬间消失了。除了去享受当下之外，你很难捕捉这种瞬间，所以这种瞬间的体验反而加深了我观鸟的乐趣，我非常感谢观鸟这件事情带给我的对听觉方面的发掘。

刘天天：刚才说到，我们遇到鸟的时候是什么心情，因为有时候你假期很少，没办法出去玩，每天下了地铁往公司走的时候，往树上看有一只啄木鸟，就感觉你在路上碰到一个非常熟的老朋友，似乎在跟你打招呼，但是又没打招呼，你看到一个很亲切、很熟悉的人，那是很开心的。如果我身边有同事或者朋友一起走，我一定会指给他看，你看那边有一只啄木鸟，他会觉得真的是一只啄木鸟，啄木鸟很少见，我们看到啄木鸟还是很开心的，就是那样的心情。记得当时我准备考研的时候，每天早上到图书馆读书，图书馆门口有一棵树，两三天会碰到一次看到一只啄木鸟飞到很低的树枝上，我离它很近，伸手就可以摸到的那种。每天看到它的时候，就感觉它今天又在跟我打招呼。

刘兵：如果在清单中看到了新增加的品种是什么感觉？

刘天天：如果有那样的鸟，我会去看，我也很高兴我见到了一种我没有见过的鸟，我又认识了一个新朋友，就是那样的感觉。

刘兵：你们俩各自的清单，数量分别是多少？

杨雪泥：因为我观鸟时间短，现在大概不到 300 种，其实在这个共同体当中，我算是中下游的，很多小朋友会超过 600 种甚至更多。

刘天天：虽然我时间比较长，但可能加起来也快二十多年了，但是我也只有 600 多种，其实原来在上学的时候还出去得比较多，一般周末肯定会出去看鸟，但是工作以后一年只有五天年假，半天半天数着用的时候很难去很多地方。其实鸟相对来说是固定的，你在什么时间什么地点能看到什么鸟，大概是心里有数的。五天年假你就很难去新疆、西藏那些和北京的鸟种完全不一样的地方。

刘华杰：我和刘兵都是外行，我们关心观鸟，完全是基于二阶的考虑。作为一种文化，观鸟跟博物学、科普、科学史有关系。两位女士属于一阶观鸟爱好者，在我看来是比较好的那种类型。坦率说，有些观鸟、拍鸟的行为不敢恭维。我们去圆明园，可以看到年纪比较大，比我大一辈的人，长枪短炮架在那儿，很神气。他们似乎以拍摄为主，谁要影响到他们，他们就气得不得了，会赶别人走。这类观鸟、拍鸟的，数量也不少。我们要倡导一种好的观鸟文化，并不是单纯地反对拍鸟，但第一步还是要好好看，另外也不要影响别人看鸟。我们也经常听说，某某官员驾着豪华越野车到某某保护区观鸟，拍出了很精美的照片，某某部队的军官也是拍鸟高手。他们拼的是什么？拼的是实力，普通人跟他们没法比。在媒介中，这类人反而成了我们鸟文化的某种主流，被人追捧和羡慕。这本《丛中鸟》也使我想到中国历史悠久的鸟文化是怎样的，那就是北京大爷拎着笼子养鸟看鸟的描述。在笼子里看鸟和西方吉尔伯特·怀特开始的现代观鸟也有一些相似的地方，相似的地方是都想看鸟的行为，都喜欢鸟。不是说北京大爷不喜欢鸟，他们也是因为喜欢鸟才买鸟养鸟，看鸟听鸟，只不过他们把鸟关在笼子里。这很适合我们的文化，我们的文化就是希望把你关起来，看你有什么样的表演，逗爷笑一笑、逗爷乐一乐。这的确是一种文化。在这种文化下，不是在自然的状况下看鸟自由飞翔，但怀特意义上的观鸟现在成为国际趋势，成为一种主流，这就形成一种反差。我们要不要反思我们的"鸟文化"，你知道这是不限于具体的"鸟"的文化。针对《丛中鸟》这本书，杨雪泥写过书评，请雪泥讲一下为什么说怀特是现代观鸟的起点，至少这本书的作者斯蒂芬·莫斯是这样认为的。

杨雪泥：虽然我看过类似的书不多，但还没有看到哪一类讲鸟的书会把现代观鸟史的起点放在怀特之外的另一个人身上，西方人公认怀特是观鸟之父。怀特观鸟的态度是很特别的，他花很多时间在自己家乡悠闲地散步，记录和观察那些活生生的鸟，包括它们的行为和生活方式。这本书对鸟类叫声的记录就特别多，我觉得现在像斯蒂芬·莫斯这样的资深观鸟人，会把观鸟历史回溯到怀特身上，首先是因为怀特超越了他同时代人对鸟的喜爱。怀特是 18 世纪中叶的人，到 19 世纪维多利亚时代大家更多是收集不同鸟类，包括怀特的时代大家也会收集鸟，制作鸟类标本。但怀特非常喜欢野外的活鸟，这是他超越时代的方面。但是怀特之后，人们观鸟形态也是多样化的，并不是说我们现在的观鸟人都像怀特这样去观鸟，但我觉得大家喜欢观鸟，很多现代人还是喜欢怀特的观鸟方式，才会把他追溯为现代观鸟之父。

斯蒂芬·莫斯提到一个概念非常重要，休闲时间和休闲伦理，随着 19 世纪末 20 世纪初，每个人拥有了更多闲暇之后，大家就要去打发这个时间。而对闲暇的利用，很大程度上反映了社会风气的改变，反映了人们对"爱好"的重视。当大家了解了怀特之后，就觉得他这种休闲的态度与现代人对"爱好"的理解非常契合。怀特还有一点我非常欣赏的，他是在自己的家乡观鸟，这是一个本土观鸟的行为，因为怀特之后旅游观鸟一度非常火热，很多人甚至做了环游世界的壮举，去追逐珍稀鸟类。怀特代表的就是本地观鸟人，其实大多数鸟类所在的地方是比较固定的，如果你长期在城市的几个公园里观鸟，基本上就会知道在这个地方我可能会看到什么鸟，像怀特、格雷这样的人，他们观鸟的时候会非常熟悉这个鸟出现在什么地方，一年四季都可以观鸟。而我们现代人往往失去了和土地的联结，大多数人身在异乡，因此我们会非常怀念怀特的观鸟方式,把他追溯为现代观鸟之父。

刘华杰:这本书还涉及一个主题,鸟类学史与科普,刘兵一开始就提到科普,而且对某些人或部门的做法不满,好像观鸟没有得到恰当的资助。从学术角度来讲,刘兵教授很早就研究科学史,而且是超导物理学史。为什么研究超导物理学史?因为超导很厉害,是硬科学。人们普遍认同,物理学史、数学史都特别值得研究。但鸟类学史算什么?长期以来,鸟类学的历史根本不是学术研究的主题,在这本书同时期或稍早一点,上海交通大学出版社出了一本书《发现鸟类》,副标题是"鸟类学的诞生(1760—1850)",这是美国科学史学会主席保罗·劳伦斯·法伯(Paul Lawrence Farber)写的一本书,中译本由刘星翻译。这两本书性质接近,属于二阶的内容。《丛中鸟》这本书也是某种鸟类学史,只不过侧重"观鸟"罢了。这类东西能否进入我们学者的视野?我们研究抗战史、清史都具有合理性,理所当然。研究观鸟史能不能成为一个恰当的主题,是有争议的。首先许多人会觉得这个东西没有用。但是什么叫有用,什么叫没用?短期有用和长期有用的差别是很大的,观鸟的历史长期看非常有意义,它反映了人与自然的关系,人与多个物种之间关系,鸟不是一个物种而多个物种。鸟类学史、观鸟史作为文化史、科学史的研究课题,长远看是合法的,但目前在我们这儿显然没有成为一个正经的主题。刘兵作为科学传播界的元老和科学史界的先驱,请你讲一讲这本书的学术价值何在?

刘兵:在过去,跟科学相比,对科学史的人文研究也不受重视,这都是一层层传递下来的。其实我本科也是在北大读的,

1978年我入学，那时候学物理，那时候别的学科看起来比较弱。人们总是在观念上形成一个级差，甚至在物理中，搞理论物理的又看不起搞实验物理的。类似搞生物的，搞鸟的也是不同，但这个序列是一直在变动。科学史界过去也是按照级差顺序排序的，但是今天科学史界有一个很大的变化，过去人们总是把科学家，尤其是硬科学家，把那些发现最了不起的硬科学最核心的、高精尖的东西作为科学史的核心内容。其实就像写一个人的历史，如果一个人的传记，你只写他今天这个成功，明天那个成就，后天得了什么奖，而这个人其他方面，饮食、生活、恋爱都没有的话，历史对于这个人的反映是干巴巴的，是不完整的。科学也是这样，科学既然是在这个世界存在着，科学家做的研究，科学与生活和社会的关系，与公众的传播交流，方方面面也都是科学非常重要的内容，所以科学史就开始有了很大的扩展，像鸟类学史、博物学史。刘华杰是国内目前最倡导博物学的，这些东西也进入了科学史，而且成为新的增长点。但是鸟类学有特殊性，如果今天还有一些人想在家里做物理学，人们很容易把他归到民科之列。但是鸟类学从一开始公众的参与，就远比物理学、化学等硬科学多得多。所以在这个意义上讲，写一部鸟类学史，天然地离不开公众的参与，所以这是一件有意思的事。你即使不考虑鸟类学的发展，考虑公众和参与这件事本身，今天也是可以成为合法的，而且有意思、有意味的科学史研究的内容。

关于大爷大妈们拍鸟的这件事还可以再说说。这件事又回到观鸟。观鸟者可以分为不同的文化、不同的群体，有一些我们更愿意倡导，作为搞博物学而大力传播。但是我们也可以宽容一些，你要设想，那些大爷大妈，虽然拍鸟的有些时候，甚至导致人们争论说究竟是老人变坏了，还是坏人变老了，但是拍鸟跟别的活动比起来还是好事。如果那些大爷大妈都拿着长焦镜头上三里屯去街拍了，那更可怕。当然你可以有引导，我觉得这里面恰恰是引导不够。大爷大妈们休闲没事干，需要找出口，现在社会有钱了，家里能够买得起长枪大炮的相机，可以做这件事了。这本来跟自然有关系。但是要有人引导，除了技术性的、闲暇性的时间的占用，进行这种活动要有心灵上的参与，有对于鸟的情感，而不只是拿着长枪大炮彼此炫耀，这是需要引导的。就像这本书的作者，像华杰搞博物传播所倡导的，我觉得都是科学传播者的责任。

主持人：感谢刚才华杰老师代替我做主持，但其实他也有很多的想法没有说，上周他刚在深圳《晶报》发了一篇对这本书的书评，其中特别提到《丛中鸟》所反映出了人与自然关系的变化，或者人与鸟的关系的变化，我想可以请华杰老师分享一下这方面的心得。

刘华杰：我先检讨一下我小时候的做法，我小时候掏过鸟蛋。我家在山里，从小就知道什么鸟在什么时候落在什么地方，什么时候下蛋。掏鸟蛋干什么？煮着吃，因为我小时候粮食不够吃，吃鸟蛋可以补充蛋白质。现在掏鸟蛋当然不可以，现在不是没吃的，而是吃得太多了，开始减肥了，这时候再去掏鸟蛋补充蛋白质已经没有必要，而且显得很邪恶。小时候掏鸟蛋特别开心，吃得最多的鸟蛋就是灰喜鹊蛋，灰喜鹊下蛋的数量不定，它一窝可能下两个到十几个，差别很大，一窝掏几个留下几个鸟还会接着下，当然这个行为肯定对鸟有影响，对于鸟来说我们的做法不道德。不过回过头想来，当时的影响还比较小。为什么？毕竟能够掏鸟蛋的人在那个时代还是比较少的，了解鸟的人比较少，跟现在不一样。现在网上有卖杜鹃花科植物映山红的，插在家里的花瓶中开花。它们的意义不一样。现在是网络时代，网络时代通过淘宝，全省、全国、全世界都可以买，对当地物种的影响是巨大的，甚至是不可逆的。

几十年来，人与自然的关系、人对自然的态度发生了巨大变化。当时去掏鸟、观察鸟也是热爱自然、喜欢鸟，现在热爱自然的方式不一样了，要与鸟保持一定的距离。虽然你喜欢鸟，但是鸟不一定喜欢你。跟野兽也要保持一定距离，你说我喜欢大象，往大象身边靠，大象把你踩死了，怨谁？你喜欢蛇，往前凑合，被咬了，也是这种情况。人不要过分以人类中心主义的态度看待其他物种，得到这个观念很不容易，这是一个漫长的观念转变过程。人有理性，从哲学角度来讲，人是唯一有理性的动物。实际上从进化论的角度来讲，这个观点是可疑的，人和其他物种的差别没有那么大，没有古典哲学家所强调的那么大，当然也有差异。现在要尝试以非人类中心主义的观点看待世界，看待其他的物种，观鸟只是其中一个例子。我们看待昆虫也一样，昆虫更多，有几百万种，显然比鸟类多，鸟类大概一万种，鸟类一万多种跟昆虫相比是小儿科。我们怎么看待虫子，实际上虫子也是非常聪明的，在长期演化中也发展出了一定智慧。鸟类非常聪明，鸟类最令我们羡慕的一点是——鸟能飞翔，这一点对于我们颇受重力束缚的人来说，可望不可即。永远羡慕，永远实现不了。我们造出无人机、飞机，但那是两码事儿，你张开翅膀飞一飞，我瞧瞧！人飞不起来，鸟类就注定永远让人类崇拜。它们有自由，而我们被束缚在大地上，跳不高，走不远。

主持人：您觉得这些变化背后有没有什么特别的原因？比如斯蒂芬·莫斯在书里提到，人们原本视鸟类为我们随意取用的资源，这是基于基督教的思想，基督教认为人是代替神来掌管世界的，所以你们可以对世界上的物种随意取用。而现代意义上的观鸟，以及人对于鸟类态度的转变是不是受到其他观念的影响？

刘华杰：那是西方文化的解释，中国人不信上帝，或者绝大部分不信上帝。那是他们的一种说法，我想提及一种更具自然主义色彩的说法。按自然主义的说法，所有生命都要生存，生存是一种本能。人要生存，其他物种也要生存。现在之所以说人不能胡来，就是因为人与自然的矛盾过于紧张，因为人类这个物种快速壮大，尤其是科技的变化，导致地球环境急剧恶化。我们这个物种进化过快，并不是基因进化太快，而是影响太大了，因为技术高速增长，其他物种完全跟不上，环境也跟不上，现代社会的环境问题的根源就在于这种演化的差异。那么，有什么解决办法呢？唯一的解决办法就是，我们适当慢下来，而不是进一步加速。而现在主流想法恰好跟我的说法完全相反，主流想法是要越来越快，任何技术都是再快一点，主流社会想当然的想法是：用技术改变世界。我的想法悲观一点，我们改变得够多了；慢一点儿，给我们的子孙后代留一点儿余地。作为个体来说，早晚都要死，都是一样的。作为群体来说，人类再存在几百万年是可能的，但是按目前的做法很难实现。所以，按照一种自然主义的说法，我们与鸟类的关系要做出改变，人类要自我约束一下，放弃一些我们原来的权利，比如我小时候掏鸟蛋，现在就不可以掏了。

主持人：斯蒂芬·莫斯这本书提到了20世纪初，很多"鸟人"

对于他们的观鸟爱好很紧张,因为会被人视为一种怪异的癖好,人家一听说你跟你爸爸出去观鸟了,觉得这种社交方式简直 low 到极点、弱爆了。两位从事观鸟的实践者,有没有遇到过来自周围人的怪异眼光?观鸟由一种被视作"怪异的"癖好,成为今日的全球潮流,是否也有一丝的吊诡呢?

刘天天: 我觉得近几年拿着望远镜看鸟的时候,接触到的奇怪眼光还是明显变少的,大家看到你,会觉得这帮人是在观鸟,而不是说你们在干什么,你们架着望远镜在拍照吗?但是还有一种很有意思的现象,在英国观鸟这件事已经是相对老龄的,年纪比较大的人就没有那么酷的事,而在国内,也是前段时间,"鸟人"普查得出的结果是:中国有一个非常好玩的现象,中国有很多学生,又穷又疯狂地在看鸟。可能没有什么钱,坐着火车硬座就去新疆了,这种情况和国外不太一样。

杨雪泥: 当然我不是那样的人,其实我观鸟比较低调,因为我是一直跟着团队观鸟,所以即便会承受一些怪异的目光,也是指向整个团队的,我个人觉得无所谓。有时候我们很多人,五十多个人,在公园里静悄悄走着,迎面走过来的游客或者不观鸟的人会说"一群搞摄影的",或者"一群打鸟的",这种评论会引起我们团队中某些人的不满,觉得受到了深深的误解。但是我觉得还好,首先在这个团队当中,你还是能够得到足够认同感的,而且确实你可以跟他讲你在做什么,我觉得如果你跟他讲你做什么,或者请他用你的单筒望远镜看一下,有些人看了以后会觉得很不一样,甚至有些人会看了之后马上买一个望远镜。可能我比较另类,我确实没有观察到这一点,而且当我去观鸟的时候,这种文化已经有一定人群基础了。

主持人： 其实斯蒂芬·莫斯在书里也提到了观鸟这种活动，与不同性别或者不同社会阶层的人的关系。有个故事提到，在一个婚礼现场，新郎突然找个借口走了，说自己有事，其实是去看一种非常罕见的鸟了。在我们国家的观鸟实践中，有没有出现男同胞特别疯狂，而女同胞要承受这种莫名的等候或受到冷落的情形呢？

刘天天： 我觉得这主要跟女性的家庭地位有关系，跟观鸟没有太大关系，新郎可能因为观鸟走，也可能因为其他事情走，这只是他的一个爱好，但影响了他的生活。就我个人而言，因为我和我的爱人都属于观鸟人士。我们在这个方面还比较统一，包括我们出去都是看鸟的。

杨雪泥： 观鸟对我们的亲密关系而言，也是带来积极的影响，因为最初是我开始观鸟，影响了我男朋友，他本来不观鸟的，然后开始观鸟了，所以说观鸟现在是我们俩唯一的共同爱好，而且这个爱好是后来培养起来的，而不是因为观鸟我们才认识的。当有了共同爱好之后，当对方对观鸟的热情反而超过你的时候，你会觉得这样特别好，因为你激发了他在这方面的兴趣，你自己稍微更弱一点儿都是无所谓的，所以它对我个人而言还是积极的引导，那种非常极端的案例我没有接触过，但是我也在电影《观鸟大年》里看到过，它是以一种喜剧的形式呈现出来的，还蛮有趣的。

刘华杰：好像这种现象还挺普遍的，因为大家共同观鸟，然后彼此观人。

刘兵：刚才我在前面讲的故事中说，我曾经安排我的一个学生研究观鸟，后来那个学生在做研究，还特意用人类学的参与、观察式的方式，跟随观鸟团队很长的时间，结果她找的对象也是观鸟的时候认识的一个人。确实这是有一定相关性的，作者在书里也谈到了性别问题，但是这种性别差异不一定是观鸟人所面对的特殊问题，而是一个更大范围的性别不平等的体现。换句话说，大爷们遛鸟，你看着有几个大妈拎着鸟笼子转来转去？如果你在公园里看见大妈们拎着鸟笼子，也会觉得不正常，这也是长期文化形成的、特别的性别上的文化分工。当然这里面也有很多值得研究的问题。我说起大爷大妈遛鸟的事，是要说确实可以从观鸟中看出很多生活文化的特殊性。其实大妈们也是爱鸟的，但是这里面有文化背景差异，爱护的方式是不一样的，不仅对鸟如此，中国人对孩子也是一样，是放养还是圈在家里笼养，哪一个被认为是更加关爱？这跟我们的文化是有关的。所以观鸟可以引申出很多文化的问题来。

刘天天：这本书里也谈到，在历史上女性观鸟者明显少于男性观鸟者。这不是观鸟的问题，而是女性角色定位和家庭定位的问题，就算现在，我们会看到很多男性观鸟者，可能在一些关键的节点，比如刚生完孩子，他们会自己出去观鸟，把媳妇扔在家里，这也不是个例。

杨雪泥：我觉得男性观鸟者更容易凸显出来，因为他们进取精神强一点儿，拍出来的照片更好一点儿，在团队活跃度更高一点儿，所以大家尊重他们，以他们为榜样，因为他们体现了团队领导者、优秀人士的地位。但是对于女性来说，一方面不是那么执着于拍鸟，提供精美的照片；另一方面，身体条件稍微弱一些，或者没那样争强好胜。女性其实也有很多非常厉害的观鸟者，但总体来说，大家在观鸟过程中，其实还是会体现出一些性别差异的。书里也讲到一位野心勃勃的女性观鸟者菲比·施奈辛格（Phoebe Snetsinger），她在中年时期被查出癌症晚期，将不久于人世。所以她死后出版的那本自传，名字就叫"向上帝借时间观鸟"（Birding on Borrowed Time），因为她觉得反正自己不久于人世，就把所有精力投入对鸟的热爱上，她单独一个人环球观鸟，在中间遇到很多非常可怕的事情，甚至还在去巴布亚新几内亚的路上遭遇了轮奸。但即使如此，她还是坚持观鸟，而且她一度和她的丈夫因为观鸟产生了隔阂，不过靠积极沟通挽回了这段关系。我觉得她的个人经历非常传奇，简直是不可复制的。所以女性观鸟者还有很多传奇人物，只是在历史中凸显出来的非常少，有各种各样的原因吧。

主持人：这位非常有名的女性观鸟人，她在生前的观鸟种数有8000多种，非常了不起。她最后在马达加斯加观鸟的旅程中离开了人世。旅行途中发生车祸，观光车翻了，同行的其他人只受了点儿轻伤，但很可惜，她因此罹难。

其实华杰老师今天一大早为我们这个活动赋诗一首，写得非常雄壮，富有号召力，我觉得只有男性浑厚的声音才能显示出气势来，就拜托我的一位同事帮忙朗读一下。

论自由的鸟文化

作者：刘华杰

那天生的政治动物啊，
生而自由却自披镣铐，
臣服重力、自宫折腰。

那天生的政治动物啊，
不过井底之蛙、吠日蜀犬，
运筹的格局太小太小。

那天生的政治动物啊，
何不化为飞翔的精灵，
管它麻雀金雕、秃鹫鸬鹚。

那天生的政治动物啊，
生命易逝，博物趁早：
看草、听虫、观鸟！

（2019年3月23日晨）

以下为观众提问环节

观众甲：刚才听刘兵老师介绍说，刘华杰老师正在推广自然或者博物方面的知识给中国的这些人，我特别仰慕，所以我想请华杰老师帮我们推荐一下，我们大众看的，关于博物学、关于自然科普的书籍，或者有什么这种组织我们可以参加，它是比较富有科学性的，而不是炫耀性的或者艺术性的。

刘华杰：博物这个事情现在好像喜欢的人喜欢得不得了，不喜欢的就是不喜欢的不得了，推荐也不好推荐，因为博物范围很广，有的人看星星，有的人看石头，有的人看昆虫，有的人看花，有的人看鸟，我尝试了很多次，都不灵。在天天的忽悠下，我也买了很好的望远镜，但是感觉看鸟不行，后来看植物，在南方有种植物非常高，看不清，我用望远镜才看清。所以我不知道你喜欢哪一款，你是喜欢鸟类，还是宠物类，还是岩石类。就今天的话题来讲，一阶的应该是天天更有权威，二阶的就是这本书《丛中鸟：观鸟的社会史》。再有就是《鸟的魅力》，英国外交大臣爱德华·格雷（Edward Grey）写的，这本书个人经历色彩特别浓厚，有一定说服力，格雷作为外交大臣，公务繁忙，日理万机，但他不忘观鸟，而且还陪着罗斯福观鸟。老罗斯福也公务繁忙，但是很喜欢观鸟，到英国的时候拉出一天，其他人不要跟着，两个人去观鸟。我觉得这本书可以看一看。还有一本书是美国著名博物学家约翰·巴勒斯（John Burroughs）写的《醒来的森林》，这本书也很好，也是写鸟类的。这些东西并不是增加鸟种，600、700还是800，但这是个人经历，能深深地打动你，你可以与之交流，看看自己和他看鸟有什么差别。如果你说都喜欢，那肯定是假的，不可能，因为人的精力有限，而且博物这件事情是特别浪费时间的，比如观鸟有多长时间足够？比如看植物多长时间都不够，只要浪费我的时间我就恨得要死，你有多少时间都不够用。即使博物横向发展，你也不可能什么都喜欢，你又喜欢植物，又喜欢昆虫，那肯定是不行的，你总要有所选择吧。

主持人：怎样测试自己是否有观鸟潜力？

杨雪泥：我觉得如果你跟着一个团队观鸟，比如一个上午，基本上都没有观到什么特别的鸟，但你还是很开心的话，你就很适合这个活动，当然需要一个双筒望远镜，也不能总是借别人的。观鸟需要一点儿耐心，当然一个好的团队可以很大程度上弥补你没有找到鸟的缺憾，但是只要有耐心的话，任何人都可以介入观鸟的活动中来。

刘天天：如果第一次观鸟碰到一上午什么都没有看到的话，还是挺打击人的，我觉得大家第一次观鸟的话，还是去保险一点儿的地方。因为我当时运作一个学生志愿者组织的时候，第一次观鸟带着他们去密云的不老屯，满天都是鹤，小朋友看到以后都很开心，觉得观鸟真好。有这种经历以后再去观鸟的时候，一上午只看到两只喜鹊时可能更容易接受。

主持人：你们能介绍一下目前北京或者全国范围内方便接触到的、公众可以参与的观鸟组织吗？

杨雪泥：欢迎大家参加中国观鸟会的活动，它每周末都会有。而且特别好的一点，它就在城市市区里，不用跑得很远，只有半天时间，就是在城市的圆明园、颐和园、奥森公园、植物园四个地方轮流转。领队和指导老师都会帮你找鸟，然后给你介绍这个鸟的相关信息。我可以推荐一些关于鸟的书，刘老师推荐的爱德华·格雷的《鸟的魅力》，我个人非常喜欢，因为里面有大量他自己的亲身经历和对鸟的声音描述；还推荐大家看一本书，西蒙·巴恩斯（Simon Barnes）的《聆听：与一只鸟相遇的最好方式》，这本书读起来非常轻松，而且特别有趣。还有戈登·汉普顿（Gordon Hempton）的《一平方英寸的寂静》，以及台湾的野地录音师范钦慧写的《大自然声景》，这些书读起来都非常好读，都是跟鸟的声音有关的。

刘天天：我说一个实操性比较强的途径，大家现在一直用得比较多的是马敬能的《中国鸟类野外手册》，但是那本书已经不是特别好买了，不过网上可以找到。另外是商务印书馆出了一本《中国鸟类图鉴》，在现在鸟类书籍里还是比较好的一本，操作性比较强，你可以通过它的描述找到对应的鸟。除了中国观鸟会组织的活动，也有一个大学生组织的活动，叫北京飞羽志愿者，也是每个周末在北京的一些公园由志愿者带领大家去进行观鸟的体验。

观众乙：我想问一下小学生观鸟的事情，因为我知道北京现在有些小学也有关于观鸟的活动，观鸟已经进入小学了。我的孩子在西师附小，他们的社团里是没有观鸟的，但是我希望我的孩子能够参加观鸟活动，最好能够有人到他们的学校去组织，有什么途径吗？

刘天天：之前志愿者曾经进入一些学校开设一些观鸟课程，但这主要是学校和家长进行邀请，因为现在学校有一些课外课堂，我们可以找到相关组织找老师邀请他们进到学校，如果学校有相关章程的话是可以这样做的。

观众乙：因为我觉得学校条件还可以，而且学生喜欢跟大自然有一些连接，所以是不是有一些途径？

刘天天：我现在知道的，一般都是通过学校主动来邀请组织。

观众丙：刚才老师们谈到拍鸟，之前我跟朋友看鸟的时候，比如在奥森，跟大爷们有过一些小争执，因为他们拿柿子引诱红嘴蓝雀。我看到这本书以后有一个小小的疑问，因为英国人有很好的喂鸟传统的，而且喂鸟是良性的产业，本书提醒了我这一点。那么这二者之间的具体区别在哪儿？是说我喂的东西更健康就行，还是说这种方式的目的是炫耀的我们应该抵制，而目的是保护的我们就应该提倡呢？

刘华杰：实际上非常不一样，这也是很难回答的问题。比如在美国有些地方可以喂鸟，有的地方喂鸟是违法的，是要判刑的。但英国普遍允许喂鸟，在农村有专门喂食的装置，五花八门的，设计得也非常漂亮，我看了也很吃惊。包括怀特的家乡也有，因为冬天鸟吃食是不容易的，下了雪鸟不容易找到食物，此时人给鸟提供方便也是可以的。为什么单纯为了炫耀而拍鸟就不宜提倡呢？这要看是从自己的角度考虑问题，还是从鸟的角度考虑问题。还有更缺德的人把鸟腿绑上，用胶粘在树枝上，让鸟展开翅膀去拍摄，这种作品居然还能得奖。英国的做法为什么普遍被大家认可，因为它还是从鸟的利益考虑，而我们更多是人的利益考虑。

刘兵：我觉得这既是技术性问题，也是风俗习惯问题，其实我们很多旅游点，都有喂鸟、喂鱼的项目，甚至纳入为开发经济收益的活动。这因事而异，盲目地喂鸟不宜提倡，究竟什么可食，什么不可食，对鸟有好有坏，一般人不容易判断。但是如果在特定场合，经过特定的专家研究没问题，也还是可以喂食吧。现在除喂鸟以外，还有给鸟搭窝的做鸟巢的，在特定场合也是合理的，给鸟一些适当的帮助，这是一件善事，也是很有意义的事。当然如果是为了人的目的而刻意引诱它，像一些大爷拿柿子逗你，显然是不能提倡的，否则别人拿什么东西逗你试试，大家心里也不会很高兴的。我觉得因事而异吧，如果有可能适度让人们做一些好事，也是可以鼓励的。

刘天天：去年的时候冬天特别冷，黄海还是渤海那边的滩涂食物就会变少，当时有一个组织开展了一个活动，因为那是一个候鸟经过时要补充食物的很重要的地方，他们就在那里投食，这件事情本身是出发点很好的事情，也会对鸟有所帮助。但是这件事在我一些鸟类专业的同学之间引起了争论，哪怕我们以很好的出发点，以相对科学的方法去对鸟进行干预，在不同人的眼里，尤其在不同专业人士的眼里，实际上他们的看法也是不一样的。就算这样的事情，看法都会不一样，那对于我们刚才说的平时投食和诱拍时投食，有不一样的看法就太正常了。我自己也说不清楚诱拍这件事是好还是不好，但是我非常反对拿大头钉包着食物钉在树上的那种，这样对鸟类伤害太大了。

刘华杰：在秦岭有向金丝猴投食的习惯，也是很多科学家做的，我去看过。当时我就产生了疑问，其他人觉得很好。金丝猴引诱来，每天喂食，架上三脚架观察，有人为此在外国用英文发表专业论文，但是时间长了会产生问题，金丝猴会对人产生依赖性，长远来看对猴子没有好处。鸟也是，如果你的投食行为，你的所谓善意帮助，使鸟产生了依赖性，鸟会长得很肥，甚至会得心脏病，那可能就有一定的问题。所以还是回到我说的"从长远看对谁有好处"这一判据。如果鸟饿得实在不行了，你不喂，它就会死掉，那你喂它一点儿还是有好处，但是如果你仅仅出于自己某种想法，投食是为了取乐或者发表论文，导致鸟长时间集体性地对你产生依赖行为，那可能就会有问题。

观众丁：我们刚才聊到诱拍和投食缺乏引导的问题，我们在奥森公园的时候，会碰到一群大爷大妈长枪大炮一大排拿柿子诱拍，当他们碰到我们的时候，看到我们脖子上挂着望远镜，没有相机，我们会听到他们说："是观鸟的。"他们自动把我们和他们划成两派，觉得我们是敌对者的那种感觉。有没有什么好的引导方法，当我们碰到怀有这样想法的人，怎么跟他们交流，引导他们尽量少做一些伤害鸟类的事情。

刘兵：普朗克定律是科学社会学里一种很悲观的说法。因为科学里不断有理论出现，新的理论和旧的理论有不一样的，人们是怎么改变观念的？普朗克是一位著名的物理学家，是量子概念的提出者，他说过一句话，普朗克定律就是社会学家利用他说的这句话做的引申。这就是说，一种新的理论被普遍接受，并不是因为新理论的持有者说服了旧理论的持有者，而是相信旧理论的人逐渐死去了，新一代的人从一开始接受的就是新理论。当然这是很悲观的说法，我相信当你们变成大爷大妈的时候，大概看着对面来了几个带着望远镜的，你就不会说：拍鸟的！还是我开始的时候说过的，对于那些大爷大妈，我们有什么有效的宣传的途径吗？有什么有组织的、有意识宣传的意向、方式、计划、行动吗？其实没有，我觉得这件事恰恰应该让政府有关部门管起来、做起来。

刘天天：有的时候我有一个想法，它是不是实际上就是一种人群的多样性。如果在那些拍鸟大爷大妈没有干出什么太伤天害理事情的时候，我们是不是该接受有一个跟我们不一样的群体？

刘华杰：我觉得不那么简单，就好比广场舞，也涉及大爷大妈，但是他们怎么成长起来的？恰恰是我们的文化、核心价值观哺育他们成长起来的。他们并不觉得自己做得不妥，他们认为自己那样做才是正常的。我们老了以后怎么样？我老了以后大概不会这样，因为成长环境不同、价值观不同。作为多样性之一种，有其道理，但它已经超出多样性的范围了，已经伤害到其他人，跳广场舞很好，想怎么跳就怎么跳，前提是你不要扰民。现在有人抗议扰民，这时候怎么办？比如，刘兵若抗议，可能会被人把衣服扒掉，按在地上集体胖揍，而且大爷大妈打你基本上白打，你要还手就是你的事了。

主持人：这个现象很有意思，我们看到国内的观鸟群体之间出现了一些有争议的地方，斯蒂芬·莫斯的书里也说到了不同群体或者不同潮流相互碰撞的地方。莫斯的论述对于我们目前遇到的争议有没有什么借鉴意义呢？

刘华杰：长远看是可以的，短期没那么容易。文化的事情是慢变量，变化非常缓慢，要一代人、两代人、三代人才能改变一点，可能需要100年甚至200年才会有根本性的改观。就像我们对自由、民主等很多普世价值观念的看法一样，变化没那么快，所以着急也没有用。

刘兵：我原则上同意华杰的说法，但是有时候我们也意识到，由于环境的变化，社会生活习惯方式也会有很快的变化。比如观鸟这件事，第一，观鸟是很好的活动，很有利于自身、人心，拉近人类和自然的关系，但是也不要觉得因为观鸟很好，就要把它变成一个过于夸大或者唯一化的活动，这种多样性是应该有的。今天有的学校关心观鸟，引进了，如果学校有这个特色，有这个能力，周围有这个环境，学校有这个经济实力支撑，有时间，这是好事。如果你要求所有学校每周观一小时鸟，那就成灾难了，很多地方就是形式化地应付了。所以我觉得还是应该自然一点。

主持人：这本书的一个推荐语说，《丛中鸟》给观鸟爱好者一个观鸟的理由，给不爱观鸟的人一个爱上观鸟的理由。我想，能不能请几位老师给大家一个爱上博物、爱上观鸟的理由呢？

杨雪泥：我非常推荐大家进行观鸟这项活动，因为我觉得在现代社会我们的视觉已经承担了太大的压力，观鸟是一个能够让我们的其他感官，尤其是听觉有所觉醒的活动，大家不管听古典音乐还是现代音乐，或者听鸟或其他物种的声音，那种声音会深深烙在你的心中，会带给我们一种感官的觉醒。

刘天天：这本书有几章我的印象是比较深刻的，在第一次、第二次世界大战时期观鸟的那些人，有些人被关到集中营，仍然通过观鸟排遣自己的心情，观鸟就是这样一种事情，如果你喜欢它，在任何地方、任何时间都可以作为调剂自己心情的活动，如果出于这个原因，大家可以尝试观鸟，没准儿就会喜欢。

刘兵：从我的专业来说，有一位科学史学科奠基人萨顿，萨顿写过很多重要的著作，其中写过一篇科学家人物传记，是写一位物理学家在一次战役中的经历，作为传记的结尾，因在战争中人们的心情是又恐惧，又焦虑，又无聊，又期待，这位物理学家就把很多精力用来观察周边的植物、小鸟、石头等，萨顿非常抒情地写了一段，他写道："因此他生命的最后几周并非完全被战争的恐怖和残暴所淹没，由于他的爱好，由于他对自然的同情，由于他敏锐地理解这个在人类地狱中继续着其无罪而谦卑的生命的小小世界，这些日子也就有一些触目的光彩了。我们能够想象，他像最勇敢的人一样，也有忧郁和绝望的时刻，但当他凝视着一只飞过的小鸟或一朵小花的时候，他也得到慰藉：小鸟在人类的愚蠢面前唱着欢乐的圣歌——花儿在弹坑的边缘装点了一丝美丽……生命继续着。"

所以我觉得观鸟并不是唯一的选择，但是相比而言，应该是优势比较多的，是可能给你带来更好生活的选择之一。

刘华杰：汉语有一个说法叫"鸟语花香"，对于我个人来说，还是看植物吸引力更大。但是随着年纪增大，我的眼神越来越不好，观看这部分要减少一点儿，要学会聆听，多听听鸟鸣可能是比较好的选择。

主持人：谢谢几位嘉宾的分享！

官方与民间：科学传播与观鸟

> 此文原发表于2019年《中国观鸟会会刊》（春季刊）。

近些年来，为了提升公众科学素养水准，国内官方对于面向公众的科学传播工作开展得越来越有力度。但在理论上与提升公众科学素养亦有关系，且本应成为科学传播组成部分的公众观鸟活动，虽然与过去相比也有了更多的进展，但仍然主要还是以作为一种民间活动为主要特色。

科学传播，在传统中又称为科普，有时也因引进借鉴国外的理论和经验而被称为"公众理解科学"（the public understanding of science），是面向公众传播科学的系列活动的总称。在中国，也有着很长的历史。对于在最初被称为"科普"的活动，曾有学者总结为以下几个特色：第一，科普理念，是从主流意识形态的框架中衍生出来的；第二，科普对象，定位于工农兵；第三，科普方针，须紧密结合生产实际需要；第四，科普体制，中国集权制度之下的一元化组织结构。直到20世纪90年代以后，在官方的定义中，科普又明确被认为包括了"四科"的内容，即科学知识、科学方法、科学思想、科学精神。不过，总体来说，传统的科普最突出的特点，是自上而下地，由专家向普通公众传播科学知识和技能的单向的科学传播活动。

随后，作为一个来自西方的、与"科普"有着很大的相似性，但又对中国的科普理论和实践产生了一定影响的舶来品概念，公众理解科学的正式规范性提出，源于1985年英国皇家学会出版的《公众理解科学》报告。很快地，公众理解科学的概念就被引入了中国。到2000年以后，国内对于公众理解科学的深入研究陆续出现，包括对公众理解科学在西方国家的学科化、概念、目标和工作模型的变化的关注。尤其是，对于其从最初的"缺失模型"到后来像"内省模型""对话模型"等的研究，对于后来人们对"科普"的讨论和理解产生了较大的影响。只是，在此名目下，更多的工作伴随着对中国公众科学素养调查而开展。不过，随着公众理解科学概念的引入，人们也开始注意到国外这一研究领域，或者说学科或运动的产生背景及其与中国科普在动因上的差异。正如英国科学史家皮克斯通（J. V. Pickstone）所言："当科学在全球范围内已经与商业紧密联系时，部分公众就变得更加怀疑。从前他们担心科学因为某种内在的动力学——某种不计后果地追求控制自然的能力——而正在危及他们；今天他们担心科学家与大企业共谋——为追逐利润而搞坏世界。"在西方，也正是因为由于20个世纪在西方国家公众中存在的对科学的怀疑态度，科学家共同体担心因而导致科研经费和资源的缩减，所以开始了这场运动，目标是让公众更多理解科学从而转向支持科学。虽然由于后来的研究和发展，对于最初的目标、方法和模型的设定中存在的问题有了新的认识，导致后来出现了一系列新的立场和观念上的变化，但就其起源而言，显然是与中国的科普完全不同的，尽管其早期在像"缺失模型"中所体现出来的传播立场和传播方式，又与中国传统的科普有着很大的相似之处。

在前面两种科学的传播中，主要是由官方专业从事具体科普实践的工作者参与的。后来，由于更多来自传媒界、科学文化界（如科学哲学、科学史等学科）的学者的介入，又有人提出第三种被称为"科学传播"或"有反思的科学传播"的概念。"从传统科普，到公众理解科学，再到有反思的科学传播，是广义的科普（科学传播）经历的三个阶段。与之对应的有三种模型：中心广播模型、欠缺模型和对话模型。这三种模型也反映了三种不同的立场。"而这三种立场，分别为国家（或政党）立场、科学共同体立场和公民立场。但在当下，国内的情况可以说是这三种类型的科学传播方式是并存的，而且在整体上，传统科普的活动仍然占据了最大的比例。

抛开更为理论的总结，从传播观念、科学观、传播方式等最直接总结就是，目前比较新的科学传播，是在强调公众参与科学。而这里所说的科学，也不仅限于传统科普中最为注重的硬科学，还包括了与公众日常生活关系更为密切和直接的各类科学。而博物学传播的复兴，也可以包括在此。如果按这种观点来看，公众的观鸟（而不是鸟类学家的关于鸟的科学研究），应该正是符合这种要求的公众参与活动。

对于观鸟的参与者和爱好者来说，是不难体会到其中的乐趣和收获的。虽然也有观鸟爱好者参与了一些像环志、观察记录之类的为鸟类学研究提供信息等的工作，但就更一般的情况，观鸟更是一种对自然界生物的体验观察，甚至成为一种生活方式。在这其中，关于鸟的相关的科学知识是自然、主动地学习到的，而不是为了什么功利目的。在这当中，对自然的热爱、对自然的亲近，以及对自然的保护的意识，也必然会被培养起来。这些，不也正是科学素养所应包括的重要内容吗？

由许多原因，包括观念上的原因，例如对博物学传统的重要性仍然认识不够，包括传统的影响，仍然认为那些最前沿、可以通过转化为应用而带来经济效益的硬科学知识的传播才是最重要的，官方有组织的对观鸟这一当下仍然主要由公众自发组织参与的实际具有重要科学传播意义的活动还远不够重视，也少有支持，但只要有意义，只要观鸟人们有兴趣，民间的活动也有民间的优势。

作为有意义的事，只要热爱、坚持，未来观鸟活动的发展肯定会更有前途。

人这种动物为什么要看鸟

此文原刊于2019年4月10日《中华读书报》。

江晓原：其实别的动物当然也看鸟，不过绝大部分情况下，估计是为了猎杀鸟类，或夺占鸟类的蛋，来补充自己的食物。人类最初肯定也是如此，只是随着人类能够从别的动物身上得到更多更好的肉食之后，似乎对鸟类网开一面了。人类不仅开始主张保护鸟类，还将看鸟这种活动搞成了"观鸟"甚至"爱鸟"，变成了一种和"环保"乃至"绿色生活"等高大上的概念联系在一起的文化活动。

并不是所有的动物都能够获得和鸟类一样的荣幸。许多动物仍然在被人类大规模地杀死以取得肉食；还有许多动物在残酷的自然环境中自生自灭，濒临绝种，也没听说人类为它们发展出什么"观"或"爱"的"文化"来。想想鸟类，还真是得天独厚呢。

这本《丛中鸟：观鸟的社会史》，注意力并不在鸟类本身，而是旨在论述我上面提到的观鸟的历史和文化，这正是让我对它感兴趣的地方。而考虑到本书的第一译者就是一位热衷观鸟活动的"鸟人"，你又和环保人士过从甚密，和你来谈论这样一本书，实在是太合适了！我期待在这次对谈中，我将收获满满的教益和愉悦。

刘兵：正巧，就在几天前，北京大学出版社在北大书店举办了第 166 期北大博雅讲坛，主题就是"丛中人与丛中鸟：《丛中鸟：观鸟的社会史》新书品读会"，其间，我、北京大学的刘华杰教授、《丛中鸟：观鸟的社会史》的译者刘天天，以及观鸟爱好者暨中国观鸟会城市绿岛行动的领队杨雪泥，作为嘉宾参加了这次品读会。会上也同样谈到了一些你可能会关心的问题。

首先我谈到，因为我并不是一个典型的观鸟人，但我为自己参加这次品读会找了三个理由：

其一，因为这本书的译者刘天天是我的女儿，而且我觉得能够有机缘让她译这本书，应该跟我二十多年前的努力有关。她小时候是我最初带她观鸟的，那会儿我觉得在国内观鸟还不像现在那么流行，还处于比较初期的阶段。因为我很多年一直在一个环保 NGO"自然之友"做点儿事情，"自然之友"最早成立了观鸟小组，我记得在周末带着她去看鸟，那会儿学生也不像现在这样一到周末就得连轴转，一个接一个补习班去跑，所以还有时间到郊区、野外观鸟。我这是属于无心插柳吧，因为这个机缘，没想到培养出了"鸟人"。因为我在看鸟上是比较打酱油的，但我女儿就越看越专业了，后来也参与了很多组织活动，而且她在大学毕业以后，现在做的工作也还是和出版，和博物，甚至和鸟，关系特别密切的。

第二，因为前几年我曾经指导我的一个研究生做过关于观鸟的研究,当时是以北京观鸟会作为主题写了一篇学位论文,而且是很不错的学位论文,那篇论文后来差不多全文正式发表在你我主编的那套《我们的科学文化》里了。

其三,我从科学史的研究出发,可以为这本《丛中鸟:观鸟的社会史》给出一个它在科学史研究中的定位。不过,在此之前,我还是想先听听,你同样作为科学史家,如果从科学史研究的角度,会怎样看这本书呢?

江晓原:我觉得你的想法完全有可能成立。事实上,本书中所论述的许多内容,如果将它们视为科学史的一部分,确实也不算牵强附会。

例如,讨论维多利亚时代的三章(第4—6章)中,收集鸟类标本被提升到这样的高度:"它是科学的,它是提升道德的,而且它是健康的。"尽管毫无疑问,它也是需要杀害鸟类的。甚至是猎鸟枪械的进步,又何尝不可以视为科学技术史的一部分呢?而为了前往合适的地点观鸟,也促进了旅行工具的发展。

当然,以这样的视角来看问题,难免有"泛科学化"的嫌疑,很有可能被科学主义者认为是只有科学技术才会推动人类文明进步的例证。

刘兵:我觉得,只有持科学主义立场的人,才会写出具有科学主义倾向的科学史。将观鸟史也作为科学史的一部分,倒不一定就是"泛科学化",因为,如果持一种中立的立场来看,难道科学史就只能写科学家做了这些那些?就像一个人的完整历史,不应只包含其工作,其生活也是自然而且不可缺少的组成部分一样。与科学相关的各种事务,包括科学与公众的互动,这本来也可以成为科学史的内容,否则,科学史也将是片面的。

江晓原:我有这样一种感觉:国内的观鸟文化活动,至少就形式的多样性或商业化的活跃程度来说,似乎和那些发达国家还有相当大的差距。

你看,莫斯在本书中描绘的场景:英国拉特兰郡一个名叫埃格坦的小村庄,每年8月都要搞三天的"不列颠观鸟博览会"(British Birdwatching Fair),世界各国的"鸟人"和对此有兴趣的闲人都汇聚于此,各种相关的文化和商业活动当然也就随之展开。类似这样的爱鸟活动,国内好像还没听说吧?

本书第15章"观鸟收益:观鸟的商业效应",给我的印象挺深,而且让我又有了新的联想。虽然作者叙述的事情并无惊人之处,无非是人们聚集到适合观鸟的地方去,就拉动了当地的各种产业。让我产生联想的是,现在中国社会也开始富裕起来,比如北京作为首善之区,早已是中国的高收入地区之一,所以我猜想:书中所说的英国埃格坦小村庄的光景,要不了多久应该也会在中国的某个地方出现的吧?说不定已经出现了,只是我不知道而已。

也就是说,我猜想我们会在商业化方面先接轨,然后文化方面会跟着接轨。你作为一个亲近各种"鸟人"的人,对此有何判断?

刘兵:你的想象也有一定的道理。不过,就我的观察来看,中国的观鸟活动(肯定现在还谈不上运动),首先倒似乎是从文化上接轨的,比如环保意识、亲近自然和体验自然的追求,甚至在某种程度上有些西化的"小资"生活方式的理想、对于休闲的选择、退休老年人的闲暇等，这些先成为促成人们去观鸟的因素。而技术设备的发展，比如高档望远镜和高档相机的普及，也为观鸟提供了装备上的可能。

当然，与国外的发展相比，中国的观鸟活动确实还处在比较初级的阶段，商业化在其中的体现不能说没有，比如观鸟旅游等，但也确实没有达到国外的发达程度。或许，这也只是时间的问题吧。

但观鸟作为一种文化活动，除了观鸟人自身的参与之外，它本身也是值得研究的。以往，我们的许多"研究"往往关注那些宏大、正统主题的东西，但对于观鸟这种相对小众而且不在主流意识形态之中被大力倡导和重视的文化活动，在西方却也成为被研究的对象。这本观鸟的社会史即是一例。我们完全可以设想，观鸟涉及的东西其实也是很多的，如此书所言，公众的参与，与鸟类学的发展，更不用说其中涉及的人们对于自然的感受、对于鸟这种特殊生灵的感觉等。因而，在宽泛的意义上讲，观鸟这种活动或者说文化现象，完全能够成为科学传播和科学史等学术研究的合法对象。

江晓原：观鸟在中国究竟是文化先和国际接轨还是商业先和国际接轨，我的感觉是，我们已经在诸如观鸟的旅游、望远镜的销售之类的商业活动上和国际接了轨，但至少还没有出现西方那样多的文化活动品种。比如，前些年有一部法国纪录片《梦与鸟飞行》(*Winged Migration*，2001)，用了许多非常高明的手法，拍摄了一些通常难得见到的鸟类活动，在中国风行一时，我也非常喜欢。这无疑是观鸟活动衍生出来的文化产品。类似这样的产品，我感觉中国好像还未出现。

刘兵：你在关心的观鸟文化与商业化，国内与国际接轨与否的问题，我觉得倒还是顺其自然吧，商业化固然会成为推进观鸟活动的重要动力，但显然也会有负面的影响，不仅观鸟，哪类文化活动被商业化又不是如此呢？反过来说，让那些目标和心态更纯粹也更纯洁的观鸟者，以更纯粹也更纯洁的追求去看鸟，哪怕暂时缺少一些因商业化不够充分而带来的不便，又有什么大不了的呢？当然，商业总是无孔不入的，只要有机会，商业化行为不会在未来放过观鸟这一领域，这倒值得人们带有某种警惕。

除了商业化，如前所述，既然观鸟活动可以那么健康，那么自然，那么有利于人类与自然的和谐关系，又与公众参与科学有关，为什么不可以更成为非商业化而是公益性的活动呢？我们以那么大的财力来资助各种科普活动，为什么却没有将观鸟这类在国内几乎一直是自发的有益活动也纳入科普的范畴，并予以资助和支持呢？

江晓原：你这个想法，初见时我也很赞成。将观鸟纳入科普活动，确实不失为一个拓展科普维度的新想法。而它迟迟没有如你希望的那样出现，我认为恰恰说明了我们对观鸟在"文化"上还没有足够展开，所以你的想法或许显得相当超前或孤独。如果有更多的人有了和你类似的想法，说不定就会有某些人或某些科普机构将这种想法付诸实施。

只不过呢，如果观鸟被纳入了我们的科普活动，我几乎可以肯定，你所不愿意看到的观鸟商业化就要出现了。现在的许多科普活动，都已经有了商业色彩，观鸟如果真被纳入，又何能幸免？我倒是担心，观鸟说不定因其特殊性，会被选作科普商业化的急先锋呢。所以按我的悲观主义的看法，观鸟还是如你说的，

"顺其自然吧"，匆匆纳入科普，很可能事与愿违，又成为你这样的环保人士和"鸟人之父"所不乐见之局。

所以推而广之，我感觉观鸟、爱鸟这类事情，"顺其自然"可能是最理想的。从本书所描述的西方发达国家的观鸟社会史来看，那里的观鸟活动基本上也是自然而然地形成和发展的，他们那里也没有我们的"科普"专职机构和相应的活动，这说不定反而是好事呢？

刘兵：我们的这次对谈很有意思，与以往略有不同，似乎每段对谈你我都是先赞同对方的观点。这一段，还是如此！我也同意你的看法，按现有的这样的机制，如果观鸟被纳入官方的科普活动，还真是有可能会出现你设想的因其商业化而带来的诸多弊端，结果反而不利于环保。但这样推论起来，一个比较令人悲观的结论就是，现有的科普机制可能是有问题的。就科普而言，我们也许确实还需要寻找更合适的机制，才可能既有利于社会发展，有利于个人幸福生活，又有利于环境。

这样说来，也许就像你说的，观鸟的发展，还是让它顺其自然吧。好在，现在多数的观鸟者，毕竟也还是出于个人的兴趣、感觉、品位、格调、审美，以及对自然与生命的理解才投身于其中的，是否戴上一顶"科普"的帽子，对他们来说似乎并不重要。

"鸟人"的审美与科学

此文原刊于2017年10月11日《中华读书报》。

江晓原：刘兵兄，我最初是从你的口中听说"鸟人"一词的。在此之前，我当然只知道如下语境中的"鸟人"：相传爱因斯坦有一次向某刊物投稿，居然被拒，因为审稿没有通过。爱因斯坦当然不悦，就给主编写了一封相信是许多大牌作者都想写而不大敢写的信，信中表示"我将稿件给你们是供你们发表用的，不是提供给你们让什么鸟人审查的"云云。当然这里"鸟人"是中译者意译添加的词语。

从你那里我才听说人们也将"观鸟的人"称为"鸟人"，而"观鸟"也是一项有相当道行的博物学活动。而且你家里居然就出了一个"鸟人"——令千金。所以这次谈论这本《画笔下的鸟类学》，一定要听你深入谈谈"鸟人"的种种活动，和他们的精神世界。

首先，这是一本非常漂亮的书，图文并茂，让人爱不释手。揭开护封,里面的硬封又是简洁素雅之至,不愧书业产品中的"央企"风范。

本书作者当然也是一个不折不扣的"鸟人",乔纳森·埃尔菲克不仅观鸟,而且画鸟。画鸟是"鸟人"非常有特色的一种活动,许多鸟类的精细形象,就是由画鸟的"鸟人"传递给世人的。在这个问题上,鸟类是不是有某种特殊性?比如,其他的动物植物,当然也有许多动物学家或植物学家进行过观察和描绘,但我们似乎没听说过"花人"或"蛇人""鹿人"等说法?

刘兵:开篇,你就已经话分几路了。顾及条理性,我们恐怕还得一件一件分别来说。

先是这本书,确实像你所说的是一本装帧精美、富于设计而且颇有收藏价值的书。这本书的原文书名是 *Bird: The Art of Ornithology*,直译应该是《鸟:鸟类学的艺术》,现在中译本译为《画笔下的鸟类学》,倒也还是贴切。从内容上看,这本书也是颇有特色的,它实际上是从鸟类绘画的特殊角度,来讲述鸟类学的发展,讲述人们对鸟的认知过程,或者,用更时髦些的术语,也不妨说是从视觉文化的特殊视角来撰写的鸟类学史。而且,在历史的分期上,又常常以印刷技术的变化作为分期的标志,在这种意义上,要说这本书反映了鸟类学图书印刷出版传播史,也未尝不可。

从类型上,这本书又很典型地是一本很有文化内涵的通俗(但绝非流俗)的历史。书中大量印制精美、很有艺术感染力的、不同历史时期的珍贵鸟类绘画,既是重要的史料,与文字的内容彼此呼应,又可以作为艺术品来欣赏。当然,对于你所说的众多手持观鸟指南图鉴去观鸟的"鸟人"而言,这差不多也是历史上的鸟图精品荟萃了。正是由于这些特点或者说特色，这本书也自然与当下图书市场上颇为流行、颇受有文化的读者青睐的、某类有品位而可供阅读、把玩和收藏的图书类型非常契合。

粗略地介绍了这本书的特点，接下来，也许可以说一说"鸟人"，或者说是发生在今天的当代鸟人的事了。确实，小女也是鸟人中的执着者。究其渊源，可以追溯到在她小时候，既作为儿童的娱乐，也作为某种休闲式的教育和户外活动，我经常带她去参加著名的环保NGO"自然之友"的观鸟小组的活动，结果一发不可收拾，竟培养出了一个铁杆鸟迷，而惭愧的是，至今，我却几乎仍是一个"鸟盲"。

江晓原：这倒稍稍有点儿出乎我意料。我原先一直想当然地以为，你总得近朱者赤，好歹受些影响和熏陶吧？比如对鸟比我们一般人更熟悉一些。当然，我们通过讨论这本书，就会经历一个受"鸟文化"熏陶的过程，也许这个过程能让你变得更接近我们通常人心目中"鸟人之父"的形象？

你相当准确地概括了本书的性质——鸟类学图书印刷出版传播史。这让我想起我以前发表过的关于学科和观赏性之间关系的一种看法。

我认为，并非所有的学科都具有同等级别的观赏性，比如天文学就很有观赏性，而且享受这种观赏性时通常又很安全，所以全世界会有那么多的业余天文爱好者；相比而言，化学就几乎没有可观赏性，实验还难以避免危险性，所以全职太太到幼儿园或小学做义工时，会带着孩子们去用望远镜观天，但通常不会带着孩子们做化学实验。

而鸟类学则是一门具有高度观赏性的学科，它的观赏性甚至超过植物学和通常意义上的动物学，因为鸟类有漂亮的羽毛，描绘这些羽毛显然能够唤起审美情怀。"鸟人"描绘了鸟类，当然需要传播，由于这些鸟类图案可以如此细致和精美，以至于对印刷技术提出了很高的要求，这才让你对本书"鸟类学图书印刷出版传播史"的性质概括得以成立。

刘兵：如果说到观赏性的话，我觉得，与你举出的天文学的例子相比，鸟类学显然要更具有观赏性。你想，鸟是有生命的啊！而且，可以观看到的种类有如此之多，其羽毛、花色如此多样和美丽，其鸣叫声如此悦耳，其飞翔的姿态如此优雅，与那无数虽然也神秘但显得冰冷的星星相比，对于更多的普通人，无疑其观赏性（就观赏这个词更原本的意义来说）要更强。因而，比较一下普及性或专业性的天文学图文书和鸟类学的图文书，其间的差异也是显而易见的。

前面你说你感觉出乎意料，也许是由于对我说我是一个"鸟盲"的说法的某种理解。其实，我说我是鸟盲，主要是指在观鸟时就辨识鸟的种类来说，这和我与我们的朋友刘华杰去野外看植物时的情况很像，我也很难准确地分辨出各类植物，而刘华杰却会如数家珍般一一道出所看到的各种植物分别是什么科、什么属、什么种，以及叫什么名字。

如同刘华杰所强调的，在博物学的意义上，知道一个植物的名字，会更好地认识和欣赏这种植物，我想，对于鸟类也是一样，但我也还是可以在更低些的层次上，去欣赏鸟之美的。作为一个像你所说的"鸟人之父"，显然我承认我达不到像我所培养的鸟人小女那样能更精致地欣赏鸟和享受观鸟的乐趣的程度，但我对于鸟人们还是有一些初步的了解，并且对于观鸟这件事本身也是很有兴趣的。

几年前，我指导的一个从事科学传播方向的研究生，就将其论文的主题定为对于观鸟活动的科学传播研究上（尽管当下正统的"科普界"几乎并不将此视为与科学传播密切相关的活动），那个学生也非常努力，以人类学的方法为主，对北京鸟会的观鸟活动做了很不错的研究，在你我主编的连续出版物《我们的科学文化》第9辑中，还收录了她论文的绝大部分章节呢。

江晓原：在本书第2章，作者花了不少篇幅谈到奥杜邦（John James Audubon）的鸟类绘画和他那本著名的《美国鸟类》（*Birds of America*）。此书已在2011年由北京大学出版社出版，中文书名起作《飞鸟天堂》。奥杜邦的另一本书《北美四足兽》（*Viviparous Quadrupeds of North America*）也以《走兽地下》的中译名配套一同出版了。相信在你书房里，应该也放着出版社当年的赠书吧。奥杜邦的《美国鸟类》，初版以巨大的开本（所画鸟类尺度必如实物原大）而在出版史上占有一个引人注目的位置。

不过在《画笔下的鸟类学》作者乔纳森·埃尔菲克（Jonathan Elphick）笔下，奥杜邦得到的就不全是赞美了。他引用了奥杜邦传记作者一句名言："鸟儿眼中最恐怖的事，可能就是看到约翰·詹姆斯·奥杜邦正在走近。"为什么呢？因为奥杜邦杀死了许多鸟类！奥杜邦给朋友信中有一句经常被人引用的"名言"——足以让今天的"鸟人"义愤填膺："如果我每天射杀的鸟不到一百只，那我就得说鸟儿真少。"不过埃尔菲克为奥杜邦开脱说，因为奥杜邦"不像许多更富裕的收藏家，他时常缺钱缺食物"，所以他杀鸟是为了吃它们来果腹。这样的开脱，让今天充满悲天悯人情怀的"鸟人"听到，无疑仍是令人发指的。

这段关于奥杜邦的故事也提示我们,"鸟人"事业的表现形态和价值标准,都有一个逐步演进的过程,并不是从一开始就呈现为现今我们所见的模样的。而对于我们这些"非鸟人"来说,要理解历代"鸟人"的不同情怀,看来也不是一件容易的事。

刘兵:你提到的奥杜邦杀鸟之事,也还有他要用之做标本、进行绘画等需求的理由,当然,这也是一段鸟类学史上比较早期、比较特殊和复杂的事。今天"鸟人"的伦理标准当然不会让他们再像奥杜邦那样杀鸟。爱鸟,是"鸟人"之所以成为"鸟人"的最大内在动力,甚至这种"爱",会让他们鄙视和抨击各种在他们看来是伤害鸟类的行为。例如,中国传统的"提笼架鸟"式的养鸟,就在被批评之列,因为那是对鸟的自由天性的伤害。更近一些,现在还可以注意到,在相当一部分"观鸟"的"鸟人"和以摄影方式"拍鸟"的"鸟人"之间,亦有不小的分歧,许多观鸟者认为以肉眼和望远镜观鸟才是真正爱鸟行为的表现,而且,确实现在有不少拍鸟的发烧友为了拍出更"精彩"的照片,会采取一些干扰鸟的正常生活甚至是伤害鸟的方式,如把鸟粘在树枝上等。

当然,像我等凡人,对那些真正爱鸟的资深"鸟人"的理解还是很有局限的,有时还是难以感受他们那种对观鸟的痴迷。就像普通人很难理解那部关于"鸟人"观鸟的著名影片《观鸟大年》(*The Big Year*)中"鸟人"与众不同的行为方式和追求一样。当年,我带小女参加自然之友观鸟小组的观鸟活动,也绝没有想到后来竟会培养出比较合格的"鸟人"来,后来无论是在求学还是工作的过程中,观鸟绝对是她在各种爱好中的首选,而且是绝不可缺少的。当然,现在国内观鸟的人群越来越壮大,各种观鸟团体数量也在增加，在这一点上，与国际也逐渐接轨。其实，这种大众参与的活动，不正是华杰等人大力倡导的公众博物实践的重要一种吗？

江晓原：我还有一个问题：本书作者埃尔菲克作为"鸟人"，和令爱这样的现代"鸟人"之间有什么差别？因为我几乎从未在生活中接触过"鸟人"，很难有直观的比较。我试图在本书中搜寻线索，并无所获。

例如，正如你刚才提到的，奥杜邦杀鸟的用途之一是制作标本，制作我们今天在各种自然博物馆见到的鸟类（以及其他各种动物）标本，当然在大部分情形中难免要杀死鸟类。再进一步推想，本书作者要获得对鸟类的许多精细描绘，恐怕也不得不对鸟儿下一点毒手吧？——如果像今天的"鸟人"那样，连笼养鸟都要批评，在野外的野生鸟儿能有那么好的耐心长时间停留在枝头，让埃尔菲克慢慢描绘吗？他多半也要杀死鸟儿，对着鸟儿的尸体才能仔细绘制吧？而如果是那种"认为以肉眼和望远镜观鸟才是真正爱鸟行为"的人，应该是绝对不能容忍杀鸟画像这样的行为的吧？

那么让我们想象一下，一个只能容忍以肉眼或望远镜观鸟的"鸟人"，拿到这本《画笔下的鸟类学》时，会有什么反应呢？他（她）是不是应该皱着眉头说：鸟是画得挺漂亮，但一想到这些杀鸟画像的罪恶行径，我怎么忍心看下去啊！

刘兵：带着你的问题，我咨询了一下小女，她的回答大意是这样的，即像奥杜邦那样的杀鸟，其实主要是一个历史的问题，但随着观鸟技术和伦理的发展，现在人们确实不应该再像那样无必要地去杀更多的鸟，即使是科研所需要用的标本，其实也比那时要少了许多，而目前真正构成对鸟类的威胁的，反而是那些为商业目的而杀鸟制作标本的行为。而且，此书的作者应该是一位现代鸟人，他只是在书中记述了这段历史。

从这样的回答来看，小女应该算是一个不很极端的鸟人，尽管其爱鸟之心相当之强。不过，伦理虽然在发展，但总归不是法律，当我们用今天的"鸟人"这个词时，其实有时所指并不明确，比如究竟是专指对鸟感兴趣的人，还是指以某种爱鸟的心态遵循保护动物的伦理的观鸟者呢？人们在这样的伦理面前，总会有不同的观点。但总体来看，应该说，认为鸟应该被加以爱护地欣赏的观鸟者的人数还是在迅速增加的。

从历史到今天，许多事情都在变化，但利用这样的历史素材，或者通过对历史的回顾，就像这本书一样，我想，对提升人们对鸟的热爱、欣赏和保护之心的发展，总会是有积极的意义吧。

给《中国博物学评论》创刊号的贺词

此文原刊于《中国博物学评论》2017年第1期。

《中国博物学评论》的创刊，是中国出版界来说，是一件可喜可贺的大事，对于文化传播来说，更具有着重要的、不可替代的价值。

这里之所以说文化传播，是因为：其一，正如此刊的主编在发刊词中所讲的，"严格讲博物学不严格属于科学"，当然，博物学与科学的关系，涉及对科学的定义和理解，若有人愿意在更宽泛的意义上定义科学，博物学也可算作科学的一个组成部分，无论是在历史的意义上，还是在现实的意义上，尽管在当代狭义的科学中，它已经几乎被排除在外；其二，文化，其实是可以大于科学的，讲文化传播，其包括的范围和具有的价值，也显然大于狭义的科学。

人们不能不承认，现实是，博物学，科学界不关心，学校里不专门教，许多人甚至不了解博物学究竟是指什么。但博物学在当下又是有其社会需求的。近年来，博物类著作的热销，就是明显的证据之一。一方面，对于博物学的回归，就平衡科学发展及其现代化带来的问题和弊端，有着积极的作用。另一方面，狭义的科学，虽然对社会的影响巨大，但普通人毕竟难以接受，而有着悠久历史的博物学实践，却是普通公众更可亲身体验和参与的。对博物学的实践参与，或哪怕是在文化上的关注，都可以成为公众日常生活的组成部分，或者说，热爱博物，可以成为一种新的生活方式。越来越多的公众对博物学的关注，也正体现出了这种生活方式的吸引力。当越来越多的人开始想要亲近自然、回归自然时，有了博物学的观念，会让对自然的热爱有更好的依托。

在不同的文化中，博物的概念也会有所不同，希望这份刊物，能以更开放、包容的方式，体现出不同的博物传统，包括中国文化中的博物传统，包括中国文化传统中亦会重视（与现代化产品有所不同的）人工物的博物观，成为有中国特色的博物学的传播阵地。

虽然在现代化的今天，博物学文化还相对小众，还远未能与更强大的现代化、商业化的社会发展和主流文化相抗衡，但正因为其相对弱小和重要的价值和潜能，才更凸显出创办这份在中国几乎是独一无二的刊物的重要性。

愿这份刊物能持久地办下去，为对于未来抱有美好的希望、对生活和世界抱有爱心的人们提供一份精致的精神食粮。

医学文化

医学中的身体之多元性*

> 此文原刊于《中国医学伦理学》2020年第5期，此处略去了参考文献。

一、引 言

在当代学术研究中，尤其是人文社会科学研究中，对于身体的关注已经是一个特殊的热点。这样的研究，也为哲学、历史学、社会学、人类学和文化研究等诸多学科或领域，为人们理解身体带来了全新的认识，让人们理解了身体并非只是简单的肉体的构成，而是与社会、文化等多种因素密切相关。但在这类对身体的人文社会科学研究中，对于涉及医学中的身体（the body in medicine）的问题，所占比例却相当之小。其实，无论何种医学，从一开始，其研究和处理的对象都是人的身体。基于对身体的不同理解和认识，才发展出处理和治疗身体在偏离了正常状态下的疾病的理论和疗术。但长期以来，在各种不同的医学体系中，人们大多只是关注自己体系中对身体的特殊认知，而忽视其他医学体系中对身体的不同认知，或是基于一些带有缺省配置意味的哲学默认，对其他医学体系中不同的对身体的理解予以否定或排斥。也正是因此，带来了对于不同医学体系之合理性及合法性的争议，其中中西医之争可以说就是典型的实例。

因此，对于这些争议的分析和思考，就不能只从单一的某一医学体系的立场来进行，而应是超越单一的医学体系，从更深层面的哲学的视角来进行。虽然在相关的争议中，人们可以聚焦于不同的方面，如整体论和还原论、理性追求和经验论等，但身体的角度，也可以是一个有意义的切入点。如果我们承认一个前提，即在历史和当下的现实中，如果不同的医学体系都具有医学所追求的终极目标——疗效，那么，对具有医学之最基本的研究对象——身体——之不同理解和认知的各种不同的医学，也就都具有其合理性。从而一个显然的推论就是，在各种不同的医学体系中，医学中的身体具有多元性的特点，而且这也是合理的。

二、几个实例

首先，现在一般来说，可能最为人们所熟知的，是西医眼中的身体，也即随着近现代西方解剖学、生理学、医学的发展而确立的，在社会上的标准的科学教育中所教授的那种"科学的"身体。在其中，身体按系统、器官、组织、细胞的物质层次构成，并按相应的物质运动和生化机制等规则来维持其生命状态。这种身体的构成，与在近现代科学对身体研究的传统中的那种通过结合经验观察和理论而形成的身体认识具有相当程度的一致性，也在近现代西方科学及与之密切关联的包括基础医学和临床医学的西医最为广泛的传播中，得到了大多数人的认可。因而，对这种身体的认识，并不需要更多的解释和讨论。

其次，与近现代西方医学不同，中医（在一般理解的意义上）是以其脏腑学说来描述身体，也即包括心、肝、脾、肺、肾的五脏，和包括胆、胃、大肠、小肠、膀胱、三焦的六腑，当然还有负责气血运行、联系脏腑和体表身体各部分的经络。但这种身体的构成，与西医那种可以以直观的解剖学观察而看到的身体构成却并不完全等同和对应，除了在名称上的某种相似之外，五脏、六腑和经络并非是那种在解剖学意义上可直接观察的实体。但也正是在这样的身体结构中，人的身体是作为一个复杂的、统一的有机整体而存在的。当然，对于这些本是最基础性的关于中医眼中的身体的常识性知识，也不必过分详说。

有一项将中医和古希腊医学的身体进行比较研究的经典著作，这就是栗山茂久的《身体的语言》，此书给出了很有启发性的线索。作者结论性的看法是："我们一般认为人体结构及功能在世界各地都是相同的，是全球一致的真相。不过一旦回顾历史，我们对于真相的看法便会开始动摇……不同医学传播对于身体的叙述通常有如在描述彼此相异，并且几乎毫不相关的世界。""一幅身体观念的历史演进图必须游走在归属与拥有、身体与自我之间的灰色地带。由于身体是一个基本的且与我们有密切相关的真实存在，因此它不仅难以理解，并且衍生出了极端不同的观点。"

再次，我们可以举蒙医关于身体的认识为例。从历史上看，蒙古族医学经历了借鉴和吸收藏医学、印度医学和中医学等内容而发展成为今天比较标准化的过程，目前仍然在内蒙古等地从事着正常的行医活动。它以阴阳、五元学说为哲学基础，以寒热理论、三根、七素、三秽为核心，脏腑理论和六因说为主要内容。

其中，三根（赫依、希拉和巴大干）和七素（食物精华、血、肉、脂、骨、骨髓、精液）是主要的身体结构和要素。有研究者认为，可以将七素看作其物质基础，而三根则是其生命要素。物质基础和生命要素以一定的方式存在和互动，构成了一个作为人体的有机生命体。

另外，在谈论身体时，虽然是以人的身体作为论述对象，但在蒙古族传统的兽医学中，例如在对马的身体的认识中，也有着与蒙医对人的身体的结构认识相类似的框架，同样是采用了像三根、七素这样的理论："三根、七素理论既是蒙古族传统医学的核心理论，也是其传统兽医学的核心理论。"

最后，我们还可以再举壮族医学的例子。同样是基于对传统散布于民间多种形态的壮族医学传统的调整、整理、发掘和提升，在当代最终成形并于21世纪初正式通过国家鉴定和承认的标准化的壮医理论中，对身体的核心认识是其所谓的"三道、两路"学说。这里的三道，指谷道（大致接近于西医的消化系统）、气道（大致接近于西医的呼吸系统）和水道（大致接近于西医的泌尿系统），两路指的是龙路（大致接近于西医的神经系统）和火路（大致接近于西医的循环系统）。这些都是壮族医学理论中比较独特的概念，是壮医的病理生理观，同时，也是壮医理论体系的核心观念。这种身体理论虽然与西医和中医均有较多的相近之处，但差别也是明显存在的。

面对世界上存在的多种医学体系，像这种表明其各有独特的对身体认识的例子还可以举出众多，上述几个实例，只是要说明在不同的医学体系中对其最为基础性的对象——身体——的认识和理解是不同的、多样的这一事实。

三、医学中对身体的建构

基于以上的实例，如果按照科学元勘中建构论的说法，我们可以先从现象上说，其实，医学中的身体是被建构出来的，不同的医学据其哲学立场、预设和理论的不同，建构出了不同的身体模型。

这种建构的说法，与在一般认识中广泛存在的那种常识性观点——身体是客观的、实在的、真实的——有所不同。但对此，我们可以展开一些分析讨论。首先，从人们认识身体的方式来进行现象的分析。

曾有著名的物理学家说过，人们能够观察到什么，是由其理论所决定的。在科学哲学中，也有著名的"观察渗透理论"。但在具体的历史发展中，理论的发展又受到诸多社会文化因素的影响，包括所采用的哲学立场，而且理论也一直是处在发展变化之中。相应地，与被理论所决定的需要观察的身体的角度和内容也就有所不同。正是在这种意义上，我们可以说，医学中的身体是被"建构"出来的。当然，就像在对科学进行研究的社会建构论经常会带来的误解和相应的批评一样，对于医学同样如此。说建构，其实并非是说这样的认识没有客观的基础或者成分，而只是说除此之外还有其他因素参与其中。当然，当我们说客观这个概念时，又会引出诸多哲学中在本体论意义上的争议，不过这里先不谈这些，至少，仅仅在认识论的意义上，在对现在的总结上，讲建构还是有其经验事实证据而非信口空谈的。

毕竟由于西医的影响颇为巨大和广泛，因而，对西医在身体的建构的问题上，已经有不少学者进行了反思和论述。例如，有国外研究者曾看到："19世纪末出现的现代医学人类学，以及医学中科学方法的确立，主要是建立在两种信条之上。第一种信条即相信对于医学来说，只有还原论才是恰当的方法，即人类的所有精神或生理过程，都必须还原为化学过程才是可知的。但这种方法论原则在一种本体论的意义上被使用，即人类只不过是正确的科学方法所规定的东西，或是化学成分的总和，或是未知的幽灵般的实体的总和。""不仅观念，而且包括身体在内的物质实在，实际上都是通过实践而制造并不断地被再造的。"这也正是针对西医建构身体的方式而言的："在约两百年间，以身体碎片设限的解剖学，通过对死去物质的操控和切割，已能赋予这些断片以某种意义，且将其整合入某个可提供整体性解决的呈现方式时，为其注入生命力……直至机械论为断片带来某种新的地位，且使之成为某个零件，错综复杂的布局才使机器成了生者最喜爱的隐喻方式。"

尤其是，当从人类学的立场上来考察医学中的身体的建构时，人们会发现："医学是一种具有其自己的语言、姿态、习俗、仪式、空间、着装与实践的文化。在医学文化中，身体成为让文化变得有形、让身体适应文化的场所。就像在其他文化里的替代医学中关于身体的认识论一样，在正统医学中关于身体的认识论，展示了一种现象学，一种为医学所特有的全套的模式。"

总而言之，"关于身体的知识即使得身体成为某种被假定的东西的那种符号性实践的研究，关于身体的知识的探究，在对身体的构成的关注中得以呈现。身体并不是给定作为将医学话语安置于其上的生理学基底，相反，它是由医学话语所创造和转换的。显然，医学制造（fabricate）了身体"。

由此，把不同的医学中形形色色的身体看作实际上是不同的身体模型，那么这种制造出来的模型，就是多样性的，这也就是所谓医学中身体的多元性。

四、与身体多元性认识相关的哲学立场

从医学中身体的多元性这一现实出发，可以简要地进行一点相关的哲学讨论。

在科学哲学中，美国哲学家库恩的"范式"理论是一个很好的分析框架。对于范式，库恩曾指出：它"意欲提出某些实际科学实践的公认范例——它们包括定律、理论、应用和仪器在一起——为特定的连贯的科学研究的传统提供模型"。

按此来看，不同的医学传统和体系实际上基于不同的"范式"。而且，范式学说中另一个重要的要点是，在不同范式下，对于认识和确证某种对象之存在的方式，也是不同的。西医那种还原论的以可直观观察、可指标化等的对身体的认识是一种方式，而在其他一些医学的身体中，其构成要素及其变化虽然也可以被间接地被感知（如通过脉诊等方式），但不一定是以西医那种可直接观察的方式，甚至对于医学疗效的判定方式也不同。

但在习惯上，人们又往往会认为关于真相，或具体到身体的真相，应该只有一个，与自己相信的真相不同的，一定是错误的、有问题的。其实，为什么真相只有一个？这本是一个在哲学上可讨论的问题。面对不同的身体，是需要有一种哲学立场的转换的，这，就是相对主义。

对于相对主义，这里仅以几段引文来说明，中国老一辈的科学哲学家江天骥先生曾这样讲："相对主义可以简单地定义为这样一种学说，即不存在普遍的标准。"因为，"认识论相对主义认为合理性没有普遍的标准，道德相对主义认为道德没有普遍的标

准,审美相对主义认为审美评价没有普遍的标准……相对主义的力量也是源于这一事实:我们还远不能对科学方法做出唯一[正确的]描述,实际上我们也不能指望由科学方法的理论提供唯一的合理性模式。相异的、不相容的科学理论必然与相异的、不相容的合理性形式相匹配。如相对主义所坚决主张的,永远不要指望普遍的独立于范式、文化的科学合理性标准和道德、审美判断的标准,这一点相当中肯"。"相对主义是不可能被驳倒的。"

关于中药"毒"性争论的科学传播及其问题

此文原刊于2018年第5期《科普研究》，与岳丽媛合写，此处略去了参考文献。

一、引 言

近些年来，随着三聚氰胺事件、苏丹红事件及各种药品不良反应报道等涉及健康的问题频发，人们对食品、药品不安全感的增加，加之网络媒体广泛的传播和微信朋友圈的兴起，对于中药"毒"性问题和与之相关的争论也成为公众关注的热点。在百度上，以"中药"和"毒"作为关键词来检索，得到的相关结果超过3530万条。涉及的话题从传统中药"鱼腥草"到家喻户晓的"龙胆泻肝丸""六味地黄丸"，再到国家绝密配方的"云南白药"等。由此可见，围绕中药疗效和毒副作用的争论存在已久，持续着引发舆论对中药安全性的担忧与讨论。其中近期的"马兜铃酸事件"就是一个非常典型的例子。

马兜铃酸曾几次引起争议。20世纪90年代，比利时女性服用含有马兜铃酸的减肥药发生肾衰，引发"中草药肾病"事件。2003年，有关"龙胆泻肝丸"配方中的关木通所含的马兜铃酸成分导致肾病的报道不断涌现，当年关木通被中国国家药监局取消了药用标准。前不久"马兜铃致肝癌"的说法再次传得沸沸扬扬，源于2017年10月18日美国《科学·转化医学》（*Science Translational Medicine*）杂志发布的题为"一种草药的黑暗面：台湾及更广亚洲地区的肝癌与马兜铃酸及其衍生物广泛相关"的论文，文章认为马兜铃酸与肝癌之间存在"决定性关联"。尽管随后召开的中医专家研讨会一致认为："该文章提示了马兜铃酸可致肝癌发生的强烈风险信号，但二者之间的相关性尚缺乏有力的直接证据。"此论文一出，一些媒体和网站从中推波助澜，再次引发了公众对中药安全性的质疑，掀起了对中药的药效和毒副作用的广泛争议。

最近，随着《舌尖上的中国3》节目的热播，中药"鱼腥草"上了热搜，以及名为"做饭乱加这些东西会中毒，每年都有人出事"的阅读量"10万+"的公众号科普文章延续了中药毒性的争论热潮。在这些面向公众的媒体文章中，普遍存在的一种观点是：中医缺乏现代西方医学的那种客观的、实证的科学依据，中药的临床疗效和副作用都很不明确。"近代随着西药毒理学研究的深入，学术界一度把药物的毒性认为是'药物对机体的伤害性能，是引起的病理现象，一般与治疗作用无关'。由此导致的结果是，人们对有毒中药退避三舍，甚至夸大中药的毒性。"于是有舆论呼吁禁止有毒中药的使用。

以上案例反映出人们对食品、药品安全的持续关注和普遍焦虑，以及因此引发的传统医学与现代西方医学之争，但这些争论又聚焦到一个核心概念上，也就是"毒"。如果我们深入研究现代西方医学和其他替代医学对"毒"的认识，比如中医中"毒"的概念，就会发现实际上并没有一个统一的"毒"的概念，在不同医学体系中，对于"毒"的理解并不一致，进而使用毒、利用毒、解决毒的理念和方式也存在很大差异。由此，分析公众对"毒"的认识和理解，就涉及了科学传播领域的相关研究。以科学传播的研究视角来看上述现象，在涉及"毒"的问题的传播具有其独特性，有别于其他的单一的、明确的、没有争议的科学知识的传播。这些争议也反映出公众对"毒"普遍存在着误读和误解，这些关于"毒"的信息传播其实是存在着很多问题的，然而相关问题并没有得到学者们的重视。在知网以"中药"和"毒"为主题进行检索，得到3050篇文章，几乎都是医药学相关领域的专业研究，而科学传播领域对这一现象和问题的关注极为少见。

以科学传播的视角来看，在当下有关"毒"的传播背后，其实涉及关于科学（医学）哲学的许多问题，包括：（1）什么是"毒"？从媒体的报道及网上、生活中人们讨论的内容来看，人们好像默认有这样一个共同的"毒"概念。实际上，却并不是所有人都对这一概念有详尽的、充分的和深入的思考。比如，（2）不同医学理论和实践中如何看待"毒"？像中医、蒙医、藏医、维吾尔族医学、壮医，它们对毒是怎样认识的？如果说这些非西方医学的其他替代医学已经被国家卫生安全标准认可，那么（3）非西方当代医学的其他医学中对"毒"的认知有无合理性？进一步还可以推导出，（4）是否只有一种统一标准来界定"毒"？人们对于不同学科体系医学知识的理解和态度，更深层面涉及对"身体"和"医与药"的解读的立场问题，即（5）对医学持有的是一元论还是多元论的哲学观？如果这些基本问题得不到有效的分析和解决，关于"毒"的争论就有可能在混乱中一直持续下去。

二、关于"毒"的概念与认识

1. 什么是"毒"？

"毒"是一个复杂概念。在人类的历史长河中，生命与毒物始终相伴相随。据史料记载，人类最初是在采集寻找食物的过程中偶然发现了"毒"，在远古时代，辨识和避免食用毒物是人类能够生存和繁衍的一个重要条件。"毒"的发现很快衍生出多种社会取向和文化取向。当有识之士开始收集、整理使用某些植物的经验教训时，一些有毒的植物开始成为药物，动物药、矿物药等也有类似的形成与发现过程。《淮南子·修务训》记载："神农尝百草之滋味，水泉之甘苦，令民知所避就。当此之时，一日而遇七十毒。"《帝王世纪》也有类似记载："炎帝神农氏……尝味草木，宣药疗疾，救夭伤人命，百姓日用而不知，著本草四卷。"这些文字生动而形象地记载了从中毒现象中发现"毒"进而萌生药物知识的实践过程。其他国家如印度、希腊和埃及也都相应的有使用毒物的古老文化。因此，"毒"与药的起源，是人类长期生产、生活实践与医疗实践的总结。正如有学者所总结的："毒作为一种典型的代表，象征着地球上生物所具有的令人匪夷所思的复杂适应能力，在所有时期出现的各种各样的，都是一种值得崇拜，甚至令人敬畏的力量。"

2. 中医的和中药认识中的"毒"

中国的中医药学具有丰厚的人文底蕴，对"毒"的认识，历经各代医家的经验和学理发展，形成了内涵及外延复杂多变的概念"毒"，《说文解字》释义："毒，厚也，害人之草。"即"毒"的本义指毒草。《五十二病方》作为最早医学方书，记载了毒药的采集和炮制及用于治疗毒箭的中药，朦胧提出了病因之"毒"。从《内经》中《素问》开始，"毒"的概念出现很大发展，从单纯的有毒的草药，引申到病因、病机、治法、药物性能等多个方面。先秦各家从不同角度总结归纳了"毒"的含义，毒还分阴阳、缓解、内外等。

随着中医的发展，中医对毒的认识不断丰富，包含复杂而广泛的含义，总结来看主要有以下几类：一是，病因之毒，泛指一切致病因素，即有毒的致病物质，特指"疫毒"；二是病症之毒，主要涉及传染性或感染性疾病，包括许多直接以"毒"命名的病症，如湿毒、温毒、丹毒等；三是病理产物，也称内生之毒，即"由于机体阴阳失和，气血运行不畅及脏腑功能失调导致机体生理代谢产物不能及时排除或病理产物蕴积体内而化生"，如六淫化毒，即风、寒、暑、湿、燥、火六淫邪盛，危害身体；四是药物之毒，这也是讨论的重点。

"毒"是中药性效理论体系的重要组成部分，大致说来，中药中的"毒"的内涵，主要包括以下三个方面：

其一，"毒药"是中药的统称。如《周礼·天官》说"医师掌医之政令，聚毒药以共医事"，《素问·移精变气论》说"毒药治其内，针石治其外"，即药毒不分，药即是"毒"。正如张景岳在《类经·五方病治不同》提出的"凡能除病者，皆可称为毒药"，其观点认为"中药之所以能够治疗疾病，正是因为其不具备日常事务所拥有的相对平和、稳定的性质"。因而，中医学古典中"毒"的含义就是药物的泛称。

其二，"毒性"是指药物的特殊偏性。张景岳《类经·五脏病气法时》云："药以治病，因毒为能，所谓毒者，以气味之有偏也。"传统医学认为，人之患病，病在阴阳之偏胜或偏衰；要治其病，则须借助药物之偏以纠其阴阳之偏，使之归于平和。此即药物"以毒攻毒"的能力。

其三，是药物的毒性或副作用。即多服或久服等不当可能对身体造成的不良反应。依据中药偏性和不良反应等性质，历代本草著作学者以"大毒""常毒""小毒"等标注进行毒性分级，并记述对乌头、半夏等有毒药物中毒反应及处理方法。同时，"经过不断探索实践，古代医家积累了丰富的预防毒性中药中毒的经验，认为只要用药对症，剂量合理，炮制和配伍正确，毒药可为良药；若用之不当，即使一般药物也可害人"。

3. 西医与药物毒理学中的"毒"

在西方医学的发展史上，"古希腊时期，中毒现象已经是相当普遍的现象，因此，治疗中毒和解毒剂的使用就变得十分重要。第一个对中毒者采取合理治疗的人是希波克拉底（Hippocrates），大约在公元前 400 年，他已经了解到，在治疗或减轻中毒症状方面，最重要的是要减少胃肠道（gut）对有毒物质的摄取"。文艺复兴时期的医生帕拉塞萨斯（Paracelsus）认识到了对"毒"的概念不能做绝对理解，剂量对毒性起决定作用，毒物与药物的区别仅在于剂量。帕拉塞萨斯的论断和人们对毒物的全新认识开创了建立在西方科学基础上的毒理学时代。

现代毒理学认为，毒性（toxicity）是指某种化学物引起的机体损害的能力，用来表示有毒（toxic）之物的剂量与反应之间的关系。化学物毒性的大小是与集体吸收该化学物的剂量，进入靶器官的剂量和引起机体损害的程度有关。也就是没有绝对的界限来区分毒物与非毒物，只要剂量足够大，任何外源化学物均可成为毒物。例如食盐，一次服用 15 克以上将损害健康，一次服用

200克以上，可因其吸水作用和离子平衡严重障碍而引起死亡。甚至，一次饮用过多的水，也会导致体内缺钠，造成水中毒。

反映在药物上则更加典型，西医药物毒理学是一门研究药物对生物体产生毒性作用的科学，"任何药物在剂量足够大或疗程足够长时，都不可避免地具有毒性作用"，狭义的中药毒性与之相近，但仍与此毒性概念有所区别。中药的副作用与这一意义上毒性有不同之处，就在于中医讲求辨证用药，以偏纠偏。在临床应用中，如果中药炮制适宜、配伍和剂量得当，"毒性"可用来治病祛邪，转变为药性，达到《尚书·说命篇上》所说的"药弗瞑眩，厥疾弗瘳"（意思是一个病重的人，如果在服用完中药之后，没有出现不舒服的现象，那就不能彻底治愈这个病）的用药境界。反过来，错误的炮制、配伍及剂量会导致辨证失当，普通的药物也会因偏性太胜而变成损害健康的毒物。中医这种辨证思维下的宽泛的毒性理论更符合临床用药的实际情况。

三、不同医学理论下"毒"的认识的多元性

1. 不同医学理论下"毒"的概念之差异

通过前述分析，我们发现，首先，中西医体系在对"毒"的认识上，有一明显的相似之处，即"毒"的相对性问题。虽然对"毒"的界定和对待方式上，中西医存在较大差异，但一致认同"毒"是一个相对概念。是否有毒、毒性作用的大小，取决于毒物自身的性能、摄入剂量、摄入时间，及个体的生理和病理状态等。若"毒"的用法得当，可以用来治疗和预防疾病，使用不当非毒也会致病。二者虽然有这种基本认知上的相通性，但具体到操作层面上却依然有着明显的差异。主要体现在：

一是在界定"毒"的方面，西方现代医学中对"毒"的研究主要是实证研究，西医的毒基本上属于可以通过实验手段检测、能够分析其化学成分和含量的物质。而中医中的"毒"的概念，内涵和外延则宽泛得多，在类别与认知上也不与西医对等。其中除了和西医类似的狭义的药物之毒，还有致病之毒、病因之毒和病理之毒等不同类型。

二是在利用"毒"的方面，西医更倾向于对"毒"敬而远之，尤其在西药上，对于被界定为毒性的物质及元素，尽量避开使用，但在用药实践中，却又无法避开"毒"的问题。中医则以相对包容的态度看待和使用毒，很多被认为有毒的药材被广泛应用，而不会完全抛弃。中国古代就有善于使用毒药物的医家，如扁鹊用"毒酒"麻醉患者后进行的手术，张仲景则善于使用剧毒中药，他在《伤寒杂病论》中，有超过三分之一的方剂（119首）以有毒中药为主或含有毒中药，如附子汤、乌头汤、麻黄汤等。也就是说，西医总的来说也承认"毒"的相对性，但在医学实践中偏向于将"毒"与"害"画等号，试图尽力避免或不直接使用。中医中"毒"的概念的狭义理解部分，虽然与西医有相近之处，但并不将有"毒"与"害"画等号，即便被划定为有害，中医也有恰当的手段来祛除、调整或降低毒副作用。

三是在解决"毒"的方面，基于以上对"毒"的认识和态度，中医注重对毒进行辨证使用，通过炮制、配伍等方法限制毒副作用。就拿含有"马兜铃酸"的关木通来说，现有研究表明，醋炙、碱制及盐炙三种炮制品中马兜铃酸A的含量均较生品有所降低，其中碱制后的降低率最高。此外也有大量研究表明，"龙胆泻肝丸""导赤散"配伍复方相对单味药有减轻关木通肾毒性的作用。而西医则强调对"毒"进行控制，避开直接使用或对剂量进行限定,即便被迫使用,也以标注副作用的形式详细列出其可能造成的各种影响。因而在西医的观念下,主张废止含有"马兜铃酸"等有争议成分的中药,也就不难理解。

2. 中医等非西方当代医学对"毒"的认知的合理性

人类学领域的研究发现并指出:"我们根深蒂固地认为我们自己的知识体系反映了自然秩序,认为它是个经由实验积累得以不断进步的体系,认为我们自己的生物学范畴是自然的、描述性的,而非根本上是文化的和'类别的'。"所以,我们习惯于以自己的知识体系为中心,评判甚至否定其他的知识体系,中西医之间的长期争论亦是如此。事实上,中医对中药"毒"与"效"的认识源远流长,内涵非常丰富,是中华民族在长期与疾病作斗争的临床实践中,形成的控毒增效方法,具有辨证的特色和优势。其他如蒙医、壮医、维吾尔族医学等都是国家认可的民族医学,医学理论与实践也类似的,都有其各自的文化背景和地方性特点,都具有自身理论体系的自洽性和合理性。

对于地方性的民族医学采取一种宽泛视角下的认知和接受态度,也是国际上科学史和科学哲学研究领域的主流观点。在中国医学史研究上具有权威地位的日裔哈佛大学教授粟山茂久的著作《身体的语言》,就是对不同医学知识体系的比较研究。他选择了触摸的方式、观察的方式和存在的状态这三个颇有趣味的视角。例如,第一章讲脉搏,中医有切(把)脉的传统,古希腊医学也关注脉搏,但关注点在脉搏跳动的速率、强度。同样对象都是脉搏,中医因为背后的理论承载不同,以及经验的实践的方式的不同,关注的要点与古希腊医学有极大的差别。从同样诊脉的三个手指,与希腊医学仅仅是反映心脏的跳动的频率很不一样,中医可以读出更多的信息。这些信息里除了可编码的，还有很多不可编码的，比如形容脉搏的，如脉的滑与涩，中医从这些信息里头连带地解读人的身体状况。

再如中医中有"虚"的概念，以及"虚"如何进补的处理方式，西方则另有一套疗法，比如"放血疗法"，放血是意味着"盈"，是多。一个是担心少，一个是担心多，这就变成了完全不同的诊疗方式。这些都与人们在地的传统文化相关联，此书用非常精彩的案例，展示了不同文化以及不同文化下的医学对身体的认识多元的，各有各的道理。

类似地，"毒"这一复杂概念，除了在医学体系是一种理论依赖概念，同时也是一种文化依赖的概念。恰恰是由于"毒"的概念之理论依赖和文化依赖，"人们对'毒'这样一个在不同的话语体系中（包括在医学、药学的表述中和日常语言中）表面上似乎有某种相近的指称对象的概念的认识，从来也都是多样的、彼此不同的"。反过来也说明了不同医学背景下的"毒"都有其合理性。

四、争议与分歧背后的哲学立场

我们已经看到，在对"毒"的认识上，不同的医学体系对毒的理解是不一样的，进而使用毒、利用毒和解决毒的方式也不一样。进一步分析，就涉及前面提到的一个核心问题：是否有一种不依赖于具体的理论体系，而抽象出来的唯一的"毒"的概念？依据我们的前述分析，其实这个问题的答案是否定的。换句话说，不同医学背景下，对这一问题的回答，认识和实践都是不一样的。不同文化传播背景下，不同医学理论的背景下，"毒"概念的内涵都不一样。在有关中药毒性的争议中，之所以存在不同的传播视角和不同的说法，从根本上看，实际上背后是有一个哲学立场的问题。如果从多元论的医学立场出发，"毒"的概念与"药"和"症"一样，有理论依赖和文化依赖的多元属性，只因其不同概念之间存在的交叠内容，在被广泛传播和解读的过程中，造成了似乎存在一种抽象的、普遍的，也就是一元论的"毒"的假象。实际上，并不存在超越不同文化、不同医学理论体系的唯一标准的"毒"的概念和理解。也就不能简单地以西医理论中的概念理解、评价和处理中医等其他医学体系中的问题。自然，更不能因为从西医理论出发认为某中药含有毒性成分，就该禁止中药，甚至连带地将其理论体系一同废除。

在现实社会中，之所以有些人对中药药方抱有怀疑态度，除了对中医的炮制、配伍减毒等知识的陌生，其实也有一些其他社会因素影响。一是，有关多元科学（医学）立场的缺省教育环境。自西学东渐后，西医进入中国，从最初中强西弱，两者均衡，到现在，西医逐渐成为主流医学，对西方医学的普遍信赖和推崇，在正规的学校教育及大众媒介传播中都有所体现。二是，对中药的滥用和误用现象造成的不良影响。常见的如自行组方、迷信偏方，以及前面提到的将中药作为日常食材等，原本不符合中医理论和用药原则而引发不良后果或毒性反应，却被强加在中医理论及药物身上，将其当作这些中医中药处理毒性方面固有问题的证据来看待。三是，用西医的理论和标准衡量中医药。西药的副作用其实也属于"毒"，但西医毒理学对毒性发生和作用的机理的研究（如依据双盲实验等）非常详细，论证逻辑清晰，而中药的辨证配伍及复杂的多靶点药物模式，则尽管有其临床疗效，却难以用现代科学（医学）的理论进行验证和解释。因此，如果持有西方科学（医学）一元论的立场，认为"真理"只有一个，而西方科学（医学）中关于毒的认识就是这种"真理"，其他与此不同的看法都是谬误，便会认为无法用西医理论和标准来解释的中医体系是有问题的，甚至错误的。

从科学哲学的范式理论来看，中医与西医属于不同范式下的不同理论体系，具有一定的不可通约性。中药的形成与发展，是长期实践经验积累的产物，与中华民族的传统社会文化紧密相关，是与中医理论体系不可分割的。中药如果脱离了中医理论的指导，就成为毫无药用价值的"草根树皮"，不再是传统意义上的中药。当下许多对于中药毒性的指责及"废医存药"的极端说法，归根结底是错误地采用了西方医学的范式和理论来理解和评价中医范式内的问题。而在这种一元论的立场下，"中医等传统医学永远不可能被恰当地对待，也不可能得到理想的发展。因而，迫切需要改变的，实际上首先是一个立场的问题"。

五、科学传播视角下争议的可能解决思路

综合以上对"毒"为切入点的分析来看，从科学传播视角来关注、分析这一现象具有重要的现实意义。

首先，这些争论揭示了媒体和公众对于"毒"的认识普遍存在着的西方科学一元论的立场，即认为只有西医这种符合现代科学理论和检验标准的医学才是唯一正确的立场，并因此否定和排斥无法用西医理论来解释和检验的其他医学体系，这种看法和态度是有问题的，甚至是错误的。这其实与我们当下社会中关于科学的、医学的缺省教育环境有很大关系。

其次，对这些争论的分析提示我们，不能够只是单一学科

（西方医学）的系统内强调关于"毒"的知识，应该采取多元论的医学观，平等看待不同医学中"毒"的概念与实践。按照科学传播研究发展趋势来看，要促进公众理解科学，理解的不仅仅是科学知识，甚至首要的不是知识，而是传播一种宽泛意义上的多元的科学观，促进人们对科学这种人类文化的、社会的活动的整体理解，理解科学（医学）也有其文化属性和社会属性。

最后，对于科学传播的研究者和实践者来说，除了对相关各种知识有比较全面的了解，而不是轻易地无视自己并不熟悉的知识系统，还"应该可以在哲学立场的观念上有一个调整，尤其是需要改变那种科学主义的、一元论的医学观、药物观、毒性观"。如果能充分认识到，科学传播只以西方科学一元论的立场进行是存在问题的，科学传播不只需要传播知识，也需要传播相关的哲学观点，关注与日常生活密切相关的问题，强调"地方性知识"等概念在科学传播中的重要性，并注意科学传播在不同文化与境下的差异，那么对于这样的争议，科学传播者的思路和立场的改变将会成为一种可能的解决方案。

屠呦呦获诺贝尔奖也许是对中医发展的一次重大打击

此文原刊于2015年10月7日《新京报·书评周刊》。

国人的诺贝尔奖渴望综合征已经患了很久，说起病因，也绝不单一，包括民族主义的情绪，也包括科学主义的立场，更有两者的结合。正是因为这种综合征，长期以来，中国的科学研究和发展受到了各种扭曲的影响。这次屠呦呦获得诺贝尔奖，虽然可以为"病情"带来一定程度的缓解，但最初的病因若不消除，问题仍不会得到根治，甚至还可能带来某些后续症状，进一步恶化。

从积极的方面来说，屠呦呦获得诺贝尔奖当然是一件好事，毕竟，这是中国科学家为治病救人做出的巨大贡献，也表明了中国人有能力在西方科学的研究中取得很高的成就。当然，像一些涉及科研体制的问题的讨论，也是颇有意义的，例如屠呦呦在几十年前特殊环境下的研究成果获奖，为什么近些年来科研经费投入暴增，以获奖为目标的规划性研究更多，反而没有得奖？另一个连带的相关问题是：屠呦呦获得诺贝尔奖这一事件，真的代表中国科学研究已经整体性地进入国际前列了吗？

这些问题同样也非常重要，但不是这里要展开讨论的。本文所要讨论的，是我们应如何看待诺贝尔奖，诺贝尔奖评选的基础标准和立场是什么，以及如何看待中国科学家这次获得诺贝尔奖对中医等非西方主流"科学"的发展所带来的影响。

从100多年的诺贝尔奖颁发的历史来看，它所奖励的是自从近代西方的科学革命之后发展起来的、在西方科学的框架中所取得的重要研究成果。当然，在近100多年中，西方主流科学的发展非常迅速，也取得了大量重要成果，并且当代西方科学发展所带来的现代化和全球化，极大地影响和改变了社会和人们的生活方式。此间，诺贝尔奖在作为科学社会学中所说的奖励机制的意义上，对于促进科学的发展自然有其不可替代的作用。但近些年来，人们也开始讨论西方科学迅速发展的消极影响，这是一种一元论的发展模式，西方科学在人们的认识中成为唯一的真理，只有按西方科学的范式进行研究所取得的成就才是值得支持和鼓励的。

与一元论立场相对的，是多元的"科学"观，这里将科学打上引号，则是表明这种立场以及对科学的理解和定义仍是颇有争议的。在华人语境中，中医便是典型的代表。中医近些年来也是一个颇具争议的话题，在许多持西方科学一元论立场的人看来，如果基于西方科学范式的西医是"科学的"，那么中医自然是不科学的。

在西方主流科学的框架下，像中医这样的医学是被归入"替代医学"范畴的，自然也表明了其与西方医学不同的理论框架、知识系统和研究范式。而根据科学哲学的理论，不同的研究范式之间甚至是不可通约的，也即难以完全相互沟通，难以用一种范式下的理论知识去充分地解释另一种范式下的理论，更不用说将其取代了。但在中国当下科学主义的意识形态下，许多人之所以认为中医不科学，也正是因为中医难以用西医的理论来解释。国内中医研究最权威的机构中国中医研究院，后来更名为中国中医科学院，也可以理解为在相当的程度上是受到这种科学（实质上更是西方科学意义上的科学）的强势的影响，似乎不将科学的名义放在中医头上，中医的价值便会大打折扣。

虽然名称并不是最重要的，在多元的科学观中，中医也可以是多元科学中的一种，但人们却绝不能够忽视这些不同"科学"之间的差异。现在许多支持中医的人乐观地借屠呦呦获奖而大谈其对中医发展的意义，其实反倒是很大的误解。因为，从屠呦呦的研究工作来看，虽然她的研究曾受到中医典籍的启发，所研究的材料青蒿本是来自中医曾用的药材，但从其研究方式来看，却无疑是西方科学式的研究，因而是典型的属于西方科学的重要成就。这也正如网上流传的诺贝尔奖权威人士的回应，即屠呦呦获得诺贝尔奖并不是对中药的一种奖励。因而，以屠呦呦获得诺贝尔奖来挺中医的发展，显然在逻辑上是有问题的。甚至于，如果不恰当地以此种"刺激性用药"的方式来治中医发展的病症，可能会有相反的效果。

在此，似乎不必更多讨论中医发展的必要性问题。但中医要有理想的发展，是需要建立在多元科学观的哲学基础之上的。虽然中医的发展得到了国家相当程度的支持，但由于更大的环境是在科学主义的背景下，受西方科学一元论观念的影响，我们研究和发展中医中药所使用的方式并非没有问题。从在这次屠呦呦获得诺贝尔奖之后一些中医界人士或支持中医的人士的反应来看，就很能说明问题，如认为这"让我们看到中药是有用的，也是得到世界公认的"，认为"屠呦呦的获奖会激励更多的年轻人去学中药药理，也鼓舞更多的人去研究中医，这也增强了自己的信心，中医药师们看到了中医药的前途和光明"，如此等等。

在这些反应中，体现出了一个重要的理解上的差别。其实，所谓中药，并非只是中医曾用过的具体药材，而是与中医理论不可分割并在其框架中受中医理论指导而所使用的药物。近些年来，在我国，科学主义的深层影响也体现在我们对中药的研究中，即对中药的研究越来越倾向于以西方科学的方式，如提取其单一有效成分等，而使之脱离了中医的理论，似乎不以这样的方式进行中药研究，便不够"科学"。

实际上，与中医理论无关的药物，即使曾被中医使用过，在新的、现代化的西方科学语境下，也不再是真正意义上的中药了。以这样的方式进行中医中药的研究，显然也不是真正意义上遵循了中医特有的研究范式的中医药研究。

也正像媒体报道中所说的，屠呦呦先是将目光转向传统中草药，以研发对抗疟疾的新疗法，通过筛选了大量中草药，最终锁定了青蒿这种植物，但效果并不理想。后来，又在查阅了大量古代中医书籍，获得了指导其研发的线索和灵感之后，最终成功提取出了青蒿中的有效物质，并将之命名为青蒿素。但她所采取的研究路径和研究方法，如通过像用乙醚提取青蒿素，以及用动物模型进行实验研究等，却是典型的西方科学式的西药研究方法。而这样做出的研究结果，也恰恰是西药。

当然，这样的药物研发有其意义，屠呦呦的获奖就是对这种意义的重要肯定。但与此同时，我们也应意识到这种做法的局限性，认识到将这样的研究当作唯一的方式，会给中医的发展带来消极影响。也正是因为在本文前面所提到的科学主义的一元科学观的意识形态背景下,由于诺贝尔奖渴望综合征的存在,屠呦呦所做的这种容易被误解为弘扬和发展了中药,又有诺贝尔奖光环的研究,若是被当作一剂用在中医药领域中却并不对症的强心针,反而可能会成为对那种以西方科学的范式来进行的、名为中药却实为西药的研究倾向提供有力支持。

西医,也是多元医学中的一元。我们当然应该肯定其重要的价值,但中医同样是其中的一元,也同样需要独立地发展。在这两者之间,也许会有局部的交叠,但它们毕竟是不同的"科学"系统。

在我们为屠呦呦获得诺贝尔奖而欢庆中国科学发展的成就的同时,也同样需要警惕,在一元论的科学主义观念仍然非常强盛的背景下,不能盲目地将这种以西方科学范式对"中药"进行的研究当作唯一的研究方式,否则,只会给中医的发展带来致命的不良影响。

对民族医学的理解与医学理论的多元性

> 此文据作者在2015年12月"中医影响世界论坛"北京专题会议上的发言整理而成。

各位专家、各位领导大家好,很高兴有机会参加这样的会,特别忐忑,在座的各位是中医大师,而我是外行。但我一直在想一些有关问题,所以我想从哲学的角度对有关问题做一些思考性的探讨。

其实不仅仅是中医,我们知道世界上医学体系很多,除标准的当代西医以外,我们现在常说的中医,还有藏医、蒙医,以及世界其他地方的所谓替代医学和民族医学的学科。这样一些领域在现代化的过程中都面临类似的难题、类似的发展困难,发展的困难不是中医独有的,相比之下,中医还要略微好一些。我曾经带着学生做过一些蒙古族医学的文化社会研究。以蒙医为例,现在目前的状况是连饮片的标准都没有,只能用标准化的成药做二次辨证来行医。为什么这样呢?为什么会争议中医是不是科学这件事?这背后是有基本的哲学观念理解的差异问题。

一个问题,是我们传统的教育和社会意识形态教给我们一些习惯性的想法和默认的观点。也有与西方现代科学技术的发展相关的某种哲学观念带给我们的想法。例如,人们经常会认为,在世界上真理只有一个,真相只有一个,而且这个真相是可以通过科学来认识的。当你面对一些不同于西方当代科学的认知标准的理论、事实,有这样一些看法的时候,如果有人认为掌握了唯一的真理,而且是西方科学的真理,就会理直气壮地将其他与此不同的观点排斥掉。这就是典型的一元论的哲学观点。

还有,其实讲到哲学,因为中医是在中国文化传统中成长起来的,并不是中医没有自己的哲学,但是中国传统哲学面对着当时的现实问题,当时并没有面临着像今天这样存在一个很强大的比照物,即西方医学和西方科学,那时的哲学没有处理这个问题的需要。我们如果看当代哲学以及有关的社会文化研究,其实有一些理论正是在回应这个问题。但因为种种原因,我们并没有真正意识到哲学默认的观点的影响力是非常强大的、有力的,甚至在反思的过程中也会不自觉地、悄悄地回到当下那种一元论的立场上。

康教授今天上午做了有趣的发言,讲到还原论,讲到整体论,前面的这些内容我都非常同意,但对于最后康教授用量子纠缠这样的说法来解释中医的做法,我持保留态度。虽然量子力学前沿进展跟整体论有某种契合性,但是毕竟还在西方科学框架下的延伸。其实这可以是一个有趣的假设,在西方科学的框架下,要求推断因果性的一环一环地联系,因为人是一个最复杂的系统,怎么能够解释这点呢?还差得很远!

在西方哲学界,20世纪60年代的时候有一个重要的理论出现,即范式理论。这个理论强调各种不同的科学理论系统,其实是按照不同的范式来进行的，不同的范式包含一些核心的东西，包括最基本的基础理论，包括对世界的形而上学的假定，包括对理论的验证的方法，还包括其他很多很多因素。其实就这个意义来说，我们可以类比：西方当代医学和其他的民族医学，蒙医或者藏医，它们其实是属于不同的研究的范式。而这个范式研究理论的提出者认为，在不同的范式之间，存在着某种不可通约性，不能用一个理论系统去彻底完全解释另一个理论系统提出的问题。

在我们中国文化中，也部分地跟中医有关，可以设想"上火"这件事。对于上火，按照我们日常的经验能够有直观的理解甚至把握。但是你用西医的医学生理学的东西，是不可能完全对应地把这些东西解释通的，这恰恰属于范式之间的不可通约性的例子。如果说不接受这样的理论，如果我们仍然持一元论观点，认为只有一种理论是标准的、是对的，那自然也会认为上火的观念是不科学的、是错的。

我们会开现在这样的会，实际有一个背景，就是说，确实今天世界范围内当代西方医学力量非常强大，影响巨大。但为什么是这样呢？对于这样的事，人们往往又有一个预设，认为一个理论、一种学说、一个现象、一个潮流，普遍影响大，就是因为它有力量，就是因为它是对的，就是因为它是真理。如果基于这样的假定，麦当劳流行程度比任何其他的餐厅更广泛，我们是不是因而就认为麦当劳是世界上最好的食品？其实我们并不是都是这样想的。但谈论科学医学的时候，我们又往往不自觉地回到这样的观念。

美国医学史家粟山茂久做过一个经典的历史研究，那本书叫《身体的语言》，那个研究把古希腊医学和中医做一个对比，里面分成研究脉搏、血液、骨骼等几个专题。同样一个脉搏，其实在不同医学的理论系统下对它观察，看到的东西是不一样的。也像有人所讲的，在发展中要使脉络的测量如何数字化。但是不是有关的论断都能够数字化吗？每个人诊脉都有自己的理解，你能把这样的一些感觉的东西都数字化吗？用哲学的说法，这些其实是涉身性的知识和所谓的默会知识，这样的知识是不可以明确编码化和标准化的。

后来，又有另外一种学说在学界开始被重视，即研究所谓的地方性知识。这个词又容易有误解，有时会被以为是一种只是在局部的地方成立的知识。其实更好的理解是，任何知识都是产生于局部的，我们今天最被赞扬的西方科学的研究，也是缘起于实验室的局部，而实验室这个环境其实和真正的现实环境，和自然界以及真正的人的身体是有区别的！地方性知识恰恰可以用范式的理论来解释，范式理论可以就其给出很好的说明。

一种知识是不是传播得越广就越真呢？这涉及知识普适性的问题。但是人们在观念里经常把一种知识的普适性和一种知识的普遍化混为一谈。其实也有很多相应的文化理论和哲学研究在关注这件事。一种理论，一种知识系统之所以能够传播得更广泛，除了知识自身的因素之外，也是由于其他的文化因素、经济因素、宗教因素、政治因素、意识形态因素等造成的。人们也会用诸如后殖民主义、文化殖民等概念来解释这些现象。

前面有很多先生讲的药的问题。关于药这件事，我一直这样认为：中药是不可以和中医理论分开来的，只有在中医理论指导下使用的药才是真正的中药。某些药材过去是中医用过的，但是今天在使用的时候，我们按照西医概念理解它的某种有效成分，来提纯，按西医的理论去指导其使用，而不是根据中医辨证理论知识来使用，那它就已经不是中药了。

屠呦呦获奖这件事出来了以后，有媒体请我写文章。我说，首先这件事有意义，是一种尝试，但是这样一种方式来研究青蒿素，它就不再是一个标准意义上的中药了。诺贝尔奖委员会在解说中还指出，这不是颁给中药的，这也是对的。这样的药，至少不是我们理解中标准的中药。诺贝尔奖对我们影响很大，由于屠呦呦获奖的激励，会不会在未来对我们按照中医自身的范式去发展、使用、研究中药影响更大呢？影响也不一定都是正面的。诺贝尔奖的标准本来就是建立在西方主流医学的范式之下，我们无法否认这一点。

我们有一个标准的名词叫作科学主义。科学主义背后有一个科学。关于科学，人们经常会有一种想法，即由于西方科学的强大，我们便认为科学是好的，可推广到一切领域。在狭义上，科学又被认为等同于西方的近代科学。但如果按照另一种思考方式，按照地方性知识和多元化的知识的理解，在另一种意义上去讲科学，其实也是可以的。

关于药，关于药的疗效到底怎么样的问题，我们现在很多规则标准。但一个理论范式也包括对结果的验证方式。我们强调双盲法、对照组、定量、统计的结果的时候，就中药来说，同时我们恰恰忽视了个体化的、经验的、语境的、个人的、随着时间变化的因素。当代西药研究的方法，是一个平均值的、抹平差异的方法。我们也知道最高级的餐饮是个性化的，是厨师个性的，是面对不同个人的，而不是一个快餐化、标准化的东西。在观念的背后，其实有很多哲学立场不自觉地在影响着我们。

最后，回到一元化和多元化的问题。医学的理论本来就是多元的。不同医学理论，对于身体是什么，对于本身的建构也都是不一样的。如果接受了一种多元化的概念，承认不同的医学对身体的认识，对身体的处理方法都有其自身的道理，承认各种理论各有自己独特的优势，彼此间不完全可通约，在这样的多元化的立场上，也许很多争议就可以避免，也许就会给各自不同的医学带来各自充分的、理想的发展和生存空间，并在某种意义避免了科学主义的立场。

谢谢。

对话民族医学

此文根据2019年8月在辛庄师范网络学院与龚若朴老师的对话录音整理而成。

一、中医是科学吗？

刘兵：中医是科学吗？这件事说复杂也复杂，说简单也简单。关键怎么定义科学？其实科学是什么，原则上是一个定义的问题。那么在最简单、最狭义的一个标准理解和定义中，如果把科学特指那种西方的、在近现代产生的自然科学，按照这种模式来说，那么中医肯定不是科学。因为中医不在这个文化圈里，也不是在这个规范里头。那么按照这种定义，你说中医是不是科学，很明显地，可以说不是。而实际上，因为科学这个概念非常复杂，人们又往往在不同的意义上去理解科学，宽泛地说，把人们对于自然界，对于身体，对于疾病系统的认识都归于科学，在这个意义上也可以说它是。实际上这是换了一个定义的方式。在这个定义方式里面，隐含着如果我们把中医也看成是科学的话，它的研究方式、基本立场、出发点、基础理论等跟西方科学都是有差异的。这样的科学，就不只包括西方近现代自然科学，而是作为一个复数的、多元的知识系统。但是人们在现实中的争论里，往往把这二者混淆起来。比如说，当你讨论中医是不是科学的时候，他用西方的科学的标准去要求，因为中医没有做那种大数据的、大样本的统计研究，作为中药研究也没有采用双盲实验，实验也没有对比，按照这种规范来说，中医确实不符合西方科学的标准。甚至于你说一个中医看一个病人，病人吃药把病治好了，通常人们会说医学本身把病治好了，这是最直接的目标，但按照西方科学规范来说就可以提出怀疑，你怎么知道是这个药把这个病治好了，也许还有其他的原因？因为西医也有若干的说法，如安慰剂效应、疾病也有自愈的可能。在吃中药和治好病之间是不是真的就有这样一个因果关联？按照西医的标准必须得有对照组的、有双盲法的检验。但从中医出发点来说，如果把每个人都视为一个独特个体，都跟别人有所不同的话，他的处理方式也就有所不同。这个时候你再用西医那种平均值的统计的方法，可能就不适用。

龚若朴：我有学院派学习的经历，包括学习西医和中医的经历。其实我们学习西医学和学习中医学时，都要选一门学科叫统计学。刚才刘教授也讲到了就是这些对照、双盲的实验，其实我们都要去学习，或者是去做一些实验。我们从现在的中医教育来看，就发现我们已经在做一些这方面的结合，所谓科学和中医的结合。我们可以看到中西医结合的这种理论和一些学科的出现。但是在实际的临床过程当中我们发现，中西医结合是挺不容易的。因为我们曾经大量尝试过，从1949年到现在，尝试过中学西，也有西学中的。但是真正成功的，真正从西医能转变过来成为中医的，其实非常非常少。因为我们在这个圈子，当中包括我的父母等上一辈人都经历过这个过程。因为西医也算是西方科学的一个学科，所以这样的结合其实是比较困难的。那如果我们将中西结合这个词改一下，改成一个融合，我个人认为会更形象、更实用。因为中医接西医都有各自适应这个时代的必然性和它的对人类健康的巨大贡献。我们应该发挥这两者的长处，一起来协同来解决人类健康的问题，而暂时搁置双方理论或争论或不同的地方，即我们儒家讲的合而不同。如果抓住那些不同的地方，那我们就永远困在争论里面。至于科学，我觉得这个词与中医比起来可能出现得比较晚，因为中医我们可以追溯到四五千年以前。我这几年对本草的研究比较多一些，神农尝百草这个尝的过程，如果我们现在用这个语境去定义的话，也未尝不能说不是科学。你看这个神农去尝百草的时候，有几种方式，第一种方式是多次反复地来尝，甚至来做一些临床的试验。他首先自己要吃要尝，然后再给身边的病人或者健康人尝。所以在经典当中就有记载，神农尝百草一日遇七十毒。他经常会中毒，就像我们现在做科学实验，你会经常遇到一些不可预见的危险。当然，这只是其中的一部分，神农尝百草，更多的不仅是从性和味道上面去尝，从功用上面去发现，还会从气上面去发现，所以中医讲四气五味。定一个中药的功效，它的气是怎样的？是升的降的，浮的沉的？是寒的热的，温的凉的？其次才来决定它的功效和功用。

二、中西医能"融合"吗？

龚若朴：我们在临床当中这样的问题是非常多的。病人往往不太关注这样的事情，他最关注的是医生怎么把病治好，不管是用什么方法。

刘兵：就从中西医结合或者是你说的融合这个角度，从哲学的角度来说有这样一种说法或者是观点，以西医和中医为例，它们分别属于不同的研究范式。从最基本的理论开始，中医讲阴阳五行，它跟西方科学的那种直接可观察的实证是有一些差别的。在不同的范式之间是否能够结合？是否具有可通约性，并能够真正合为一个理论，这是有争议的。很多人认为不同的理论范式之间是不具有可通约性的。如果这是一个前提的话，那么这个结合确实就有问题。

就您说的这个融合，我觉得要看是在什么意义上来理解，因为融合这个词可能用得比较重，说真正融就是彼此结合了一部分。融合和结合的差别是什么？换句话说它融到什么程度？因为在这个世界上毕竟是存在着不同的传统，不同的医学系统，除了中医，还有阿拉伯医学、蒙古医学、印度医学等。这些并存的内容随着时代的发展，彼此之间会有影响，这点没问题。这也会影响到你的认识。因为今天病人去找中医的时候，可能由于科学的这种侵入，这种影响比较普遍，他上来先和中医大夫说我有糖尿病，如果按照这个说法，从病人这个角度已经预设了一些东西，那医生也不能不应对这些东西。怎么解决这些问题？这个是不是就是一种融合？我觉得这个融啊，是不是还可以有一个交代的说法。另外刚才您讲的那是一般的说法，其实哪一种医学，哪一种对于人体的研究又不是从观察到试错的过程呢？您刚才也有一个有意思的说法，就是说即使都是在做观察，观察背后的理论也是不一样的，比如西方走的路径是还原论。就说我研究某种药我试错，然后用更科学的研究关注究竟哪种具体的物质，在人体的生化反应里起到什么样的一个作用。而中医，它的关注可能不一定像西医眼中的化学成分那么具体，但是他把这个物质或者这种药品赋予了更多西方科学不会赋予的一些性质。比如包括你说的这个气、性、味等。而这些按照西方医学来看则是某种不可直接观察的东西。所以从观察和这个试错这个角度，从一开始的出发点，其实就已经预示着中西医之间存在着很大的差异。

龚若朴：是的。

刘兵：所以这个融合可能是值得讨论的一个问题，但究竟可以融到什么程度，或者说这种相互关系的这种影响，可能又是很复杂的。

龚若朴：关于刚才刘教授讲的，我觉得是这样，现在我们去医院里，我们都会直接报一个病，如糖尿病、高血压或者什么病。但是这些病都是西医所鉴定的。如果我们中医这一套体系或者是治疗方案，要按照西医定的病名去治疗，其实这个里面是会有问题的。我们在中医的这套治疗体系当中要有自己的灵魂，这个不能丢！比如说刚才我们提到气，那我们望闻问切，包括我们的在用药的时候，都不离开这个气。包括我们去看病人的这些状态，他气息怎么样啊？他神气如何？这些都是一种可以琢磨也可以看得见的状态。中医在治疗时还是要有一个自己的底蕴，自己的灵魂，这也很重要。不能说生搬硬套去套用这个科学。这样我们有点儿像用热脸去贴人家的冷屁股，有一点儿可惜。所以我们在临床当中，不管是在中医还是中药这个层面，掌握自己的一种语境和自己的一套思维模式非常重要。

黄明雨（主持人）：中医，在中医医学院里叫中医科学。这种先入为主的观念对中医教育会有很大影响。请两位谈一谈当今在中医教育中存在的一些弊端。

龚若朴：我这两年在有几所大学做了一些留学生的中医教学的工作，很多的留学生都来自比较发达的国家。好多留学生是在当地已经读完了好多年的西医再过来学习中医。结果大部分留学生发现，在我们的中医院校里面，学习到大量的西医知识！这些内容东西他们在自己的国家已经学得非常溜了，那么再花这样的时间来学习到底是为什么？所以他们也在尝试着到民间，到下面来寻找一些传统的中医的学习方法。我会带着他们去山水当中，对中药进行品尝，然后再来开启，讲经典上是如何来对这味本草进行定义的。他们需要这种实践，实践也是科学的一种精神。实践以后他们就会对中医中药有一种非常深刻的理解，对中医独到的思维模式有一种理解。这个是我们现在的中医院校教育中是非常缺乏的。

刘兵：我们对教育的理解，对不同教育所采用的方式上的理解上有很多的问题。不仅仅是在中医教育里，可能中今天的中医的科研里也存在类似的问题。

龚若朴：这是体制层面的问题。中医和中医文化的话语权还没有立起来。比较理想的方式是对中西医都有一定的研究和学习。中医的培养其实不太像工科、理科一样是大批量的。中医其实更多地应该跟文科相近，要有古文、文言文的基础，还要有一定的文化素养和审美的基础。只有在这个基础上去培养中医，才能够出现一些合格的中医人才。那么如果按照现在的大批培养中医模式，那么出现能治病、会治病的，能独当一面的，甚至能为我们中医做一些复兴工作的人才，都是非常困难的。反而像古代那样一种私塾模式是很有效的。中医培养在历史上一般是以两种方式呈现的：一种是师传，即师承的方式；另一种是家承的方式。这两种方式都是小班制。第一个要择师，第二个要择身。"师资道合"，判断学生到底能不能当中医，这很重要。而不是现在说填个志愿，我要当中医就能当中医，其实这里面就涉及生源的问题。

黄明雨：今天的中医教育出现这些状况，不太理想，北京中医药大学有些学生学了五年中医不会看病，说明这是一个实践性很强的学问。那是不是也涉及我们科学观念的狭窄，是一种传统的很机械化的科学观？这又回到了科学教育的片场。

刘兵：这仅仅是一个方面，有影响。但就刚才讲的内容，反映出我们对不同教育所采用方式的理解，可能确实有很多的问题，比如中医在传统上有一套比较成熟的传承模式，其实西医也有。我们只不过是在我们的体制里不恰当地采用了一些大班的、机械化的教育模式。换句话说，以西方科学为对象的模式也有反例的。比如念大学要做科研，今天的模式是怎样的？念本科上大课，念研究生的时候虽有导师，但导师和学生的关系不再仅仅是由导师上大课。在研究中，在实验室内，也有很多东西不是大课能够教授的，而是要在这个实践中去体会，一切都是潜移默化的，也很像过去中医的师徒关系。我们老忽视这一点，为什么到那个阶段采取了一种研究生的制度，而不是说你念书啊，从本科一直念书，继续念到博士，那岂不是可以培养更多的博士吗？不行。为什么？因为到了真正要做研究的阶段，也是需要有这种规范化、程序化之外的一些东西。这个我们今天没有做到。由我们受到西方科学的影响，觉得学习了那么多西医的东西，在今天足以达一个标准，反而在有限的学识里，把中医中更核心的一些东西、一些风格、一些继承的方式给放弃了。不仅仅是在中医的教育里，可能在今天的中医的科研中也存在类似的问题。今天要申报中医相关的课题，要去做研究，要发表文章，而为了能够拿到课题，能够发表文章，不按照这种西方学科的规范去做，不用什么靶点理论、单质提纯，就得不到认可。还讲什么味、性，那他说这个不可实证，今天的科学研究发表文章要求有这种标准，要有统计、重复实验、对照实验才行。而且中医要讲本草，是有特殊性的，尽管尝，那是由人去尝。今天中医做科研的时候也拿小白鼠去做实验，小白鼠跟人可能有某种相似性，但毕竟不同于人。我们讲人的结构、人的体质、人的反应，做中医的是不是也把小白鼠分成五脏六腑？研究它的经络和气？也望闻问切，给它把把脉？这是不一样的，按照西医的逻辑，不做这些东西，不学这些东西，发表不了文章，也不能拿职称。所以，这些干扰是非常之大的。

龚若朴：所以您提到这个体制，是大环境。因为我们中医，包括我们的文化和话语权，没有力气了。

刘兵：我们谈到的学问，不光是学科研究方式、风格的不同。

我个人觉得，可不可以定义一个级别，就是说真正最精微的、最高级的那种学问，那种知识和处理问题的方式，反而不是那种规范的，由一套一套标准来检验这个指标那个指标，然后推论这得了什么病就可以了。事实上，有一种不可编码的、一种意会的，即所谓的默会知识。其实西医也是，到临床的这个阶段和在实验室的基础医学研究应该也不一样。在实验室里可以做那种重复实验，而到临床会有很多不确定的因素。因为人实际上是一个太过复杂的系统，而且也有很多伦理禁忌，限制你不可能像对小白鼠一样无所顾忌地去做各种研究。所以那种观察和实验往往也是不可控的。从这个意义上来说，西医到临床上也靠经验。换句话说，把经验都写在教材里是不行的。即使那样，看那教材也还是处理不了临床的问题。假如你不是学医的，你学做厨师的话，你指望只在新东方烹饪学校念教材里写的怎么炒菜，而没有一个师傅带，没有体验式的长期积累，还是成不了大厨。

龚若朴：在民国年间，出了许多大家，这些大家都可以讲是学贯中西的。我自己有七年学习西医的经历，但并不妨碍我成为一个中医。反而我在实践的时候，在临床、在讲课的时候更能拓展我的思维格局，和我的一些用药方式。所以我们在学习中医或西医的时候不要排斥，要认认真真地去学，对作为前沿的科学医学要有一定的学习，还要有我们传统的中医学的体系。最好是两把剑都要有。

刘兵：从目前来说，我们的西医教育相对规范，比较成熟，对于现有的环境也比较适应。相反地，是不是我们的中医在继承教育上放弃得比较多一些？这是一个问题，就是不对等。我同意你的说法，我们知识更宽泛一些、更渊博一些，视野更广一些，多了解一些，这都不是坏事。当然了，如果不平衡了，可能一方反而成突出的强势了。有一个问题我比较好奇，可能也不太容易说清，但是我觉得很有意义。就你个人经历来说，经历了七年西医的学习之后又做中医，您在用中医的方式作诊断，去判断并做对症处置时，西医教育背景以一种什么方式在你的脑子里起作用？

龚若朴：我常向学生们讲的一句话是以中医的思维去运用西药，西药也是中药。那么反过来讲，以西医的思维去运用中药，中药也是西药。

刘兵：那可以对西药也可以定义成性和味的理解吗？

龚若朴：可以的。万事万物啊，都离不开中医加以定位的寒热温凉，也是化学的结构式。如果从中医来定义，阿司匹林从性上讲是一味比较寒的西药。如果我们在身边，暂没有寒良的中药可以用，我们可以有阿司匹林，可以有其他的西药，都可以用这个西药来解决当下这个病人的热诊。

刘兵：这个挺有意思！但这也是似乎也是一个权宜的方式，按照我的理解，中医最传统、最标准的，应该是方剂，中成药都不是最典型的。方剂是针对每个特定病人的一个独特的、独一无二的组合，而且只是对当前这种状态的，使用一段时间，还要调方。而西药则完全是另一种模式，是相对简单化的，是一种化学物质对应于一种疾病，没有中医这种复杂的组合。这样西医在处理给药思维时的复杂性就差很多。

龚若朴：对的。教授提到了中西医的思维复杂性和模式不一样。中药，单是《神农百药经》就记载365味中药，我们暂时不说后续的上万种中药，那365味中药的组合结果是无限的。因为它的克数不一样，组合方式不一样。所以我们针对病人的每种选择和给他的处方，真的是不一样。可以讲每个病人都有一张方。不是一个阿司匹林就打遍天下了。

刘兵：你刚才说起体制，我可以举另一个例子，我因为我个人曾经带着学生做过一点蒙医的研究。蒙医是从藏医的传统继承下来的，后来又有一些变化。其实，原来也受到中医很多的影响。但是由于体制的原因，在今天，仍然没有合法的饮片的标准。这是意味着，看蒙医不能够像看中医那样，到药房里按医生开的处方去抓药。合法的方式是，按照一些标准，可以做出一些成药。那么这就有点像西药的情形了。在这种体制下，逼迫蒙医做二次组合的处理。他没有办法用原始的饮片，只能把各种的成药再加以搭配组合。比如早上吃珍宝丸加上什么，中午吃这个什么加什么，而且每在一个时段和每个特定情境，组合的方式还不一样。当然也有人在呼吁说要确立蒙医饮片的标准，但是现在还没有实现。我觉得也是我们体制的因素，但即使这样，它也是力图展现一种比西药的简单的用药方式——开几种药，每种药一天三次，一次两片服用——这种模式要复杂得多的用药方式。

龚若朴：这其实有点像西方的自然医学。

刘兵：他的成药也有多种成分，那个方是合法的。但要是随意组合一个有针对性的处方是不行的，因为没有饮片标准。所以你没法用最初始的原材料去处置。

龚若朴：这与蒙医的地域性有关。大草原嘛，药的品类比较有限，不像我们中原药很丰富。

刘兵：那反而更好定标准呀？其实我觉得这是制度性的原因。如果有这样一个饮片标准，就可以使用中医那种创造性的、针对性的处理，否则就只能开各种方药的组合。

龚若朴：所以我们讲，如果从比较狭义的角度的理解，中医就是我们的中原医学。少数民族都有各自的医学，如蒙医、回医、藏医，各大民族都有自己的民族医学。中医之所以能够发展起来，是因为我们是农耕的民族。我们知道神农氏是农耕的始祖，所以他尝百草。包括我们现在去寻访这些几百味百草，发现大部分绝大部分都生长在我们的这个中原。当然内蒙古、西藏也有一些，但是非常少。比如说我们的《神农本草经》，其中的本草在内蒙古地区能找到的不会超过25味，像比较常见的肉苁蓉、甘草。

刘兵：蒙医用矿物质比较多一些。

龚若朴：各地医学与政治、环境、民族都有关系。

三、中西医如何并存共生？

刘兵：我请教几个可能更有冲突和争议的，或者是比较极端的问题。按照本草的说法，本来有很多药，但是如果按照西方科学的标准，甚至于西方文化的标准，我们则要拒斥了很多东西。有一些比如说涉及野生动物保护，这个我们姑且接受，但是有些则完全出于禁忌，甚至出于伦理意识。比如说传统中医里的人部药，我们现在几乎不可能用了。还有一些在西医研究中被认为是有毒的，比如最近炒得很热的马兜铃酸。至少有这样的说法，包含有害成分的中药也不能用等。当然这也涉及对于药和毒这个问题的理解。这些用药限制，对中医治疗实践究竟什么样的影响？这个抛弃一些药物的过程，是否是完全合理的？

龚若朴：这是很有建设性的问题。中医承传几千年，长盛不衰的很重要的原因就是生生不息。中医不是一成不变的。我们来看历代的本草，从《神农本草经》开始到《膀胱经第一部神农集注》，后来到了《唐本草》有4000多种本草，后来又到了《本草纲目》，到现在我们的《中华本草》记载了上万种本草，不断地在变革，不断地在增减。在《神农本草经》记载的六分之一或者七分之一的本草，我们现在基本不用了。不用的原因有很多，一个是找不到了，再一个是有歧义。因为语言的变化，不能确定这个药就是这个药。还有因为时代有很多的变迁。比如你刚刚提到的人部药，要审其利害，要有扬弃的过程。有些是不能抛弃的中药，几千年一直在用，但是有些我们现在不用了，把它抛弃了。中药学中有一门学问叫炮制，之所以炮制，很大的一个目的就是改变药物的药性，再有就是将药物当中的潜在性的毒性除掉。其实我们现在的炮制也出了很大的问题。

刘兵：就是药物炮制的工艺和方法。

龚若朴：对。还有我们中药的种植、生产，各个环节其实是出了问题的，这个是公认的。所以在炮制上，如果能像我们制茶那样，回归到一个传统的比较好的模式，我觉得也不会发生这么多问题。还有中药虽好也不能滥用，如果滥用就存在毒的问题。按中医的定义，一个是偏性大，另一个是过度的意思，一过大了就有毒的问题。

刘兵：按照传统的中医，甚至不只是现有中医，包括我们做的一些观察，像蒙医，也有类似的理解。那么不同药物之间的偏性之间还有一些相互的制约，就是在你用药的时候，调整偏性的组合也可以解决毒的问题，这要比西方毒理学的看法，认为某个物质多了，或者超过一定的数量，那就是有毒，其实要高明一些。因为西药讲副作用的时候，本身也是就是在说毒，这是要被承认的，当然有部分的条件。一位有意识的高明的中医，在给药的时候很大程度上也是要解决这个问题的。

龚若朴：对，要交代得很清楚。在《伤寒论》里很多汤剂都会给你告诉你加多少颗红枣，这其中的用意很深，很大一部分原因就是解毒。还有一个原因就是红枣有补益作用，还有甘草、蜂蜜等甜的东西，在我们的中药中都是用来解毒的。

刘兵：用药是治疗。再往前推点说说诊断。出于个人的兴趣我在关注中医的诊断,闻诊,你现在用吗?

龚若朴:闻诊,我们也用的,因为望闻问切不可废嘛。闻诊其实包含有两部分,第一闻是听他的声音,第二闻是他的气味。比如说他这个声音中气足不足,或者是气从哪里出,还有他的这个气道,他的声线怎么样。我们就可以去初步判断他的气是衰还是盛,是堵得憋着一口气还是真的中气逊衰。还有就是闻他的气味。

刘兵:按照最经典的说法,讲中医闻诊的时候,除了您刚才这些直观的包括气的衰、盛,还有的是要把这个气、声音,与五音和五行联系在一起。

龚若朴:有的。《黄帝内经》里有明确的记载。

刘兵:现在也还在用吗?

龚若朴:这个是可以用的。如果翻开《黄帝内经》的经文就可以一一对应。他出来的声音也是一种相。比如说他声音高亢的相,我们就称为金;他声音出来很浑厚,我们可以称为土。

刘兵:也就是说与五行对应。

龚若朴:一一对应。因为每个人声音不一样,从个人的声音发出来,我们可以初步去判断他的五脏的肾衰。比如说他哪一脏比较旺,哪一脏比较衰,是可以判断出来的。这个是其中一个环节，如果再配上望、闻、切就很完整了。

刘兵：还有一个更精致的说法。如果用西医的话或科学说话，相当于你对于中国的分类方式，对这个声音做了一个频谱分析。它包含着五行的要素或者五音和彼此之间的关系。还有在你说话的时节或时间，实际上是春夏秋冬、子时午时等，本身就有一个对应关系，其实也是很复杂的。

龚若朴：对。其实我们中医讲的是一个天地人的关系，包括跟时节、气候、温度、湿度，包括昼夜的变化。比如发烧的人，他自己内部的温度变化，一旦高烧很多人就会谵妄，喋喋不休讲个不停，自言自语。如果一个人的气很衰，他就不想讲话。还有我们刚才讲到闻的时候，医生的主体很重要。我是中医，做一个诊断的时候，我自己首先要相对健康。

刘兵：那就是说在中医行医资格中还应该加上高水准的健康要求。

龚若朴：很需要的！湿润之人，先润自己。我自己其实对健康的要求是比较高的。首先是确保自己不要太累，也确保自己在健康上面做到符合于《黄帝内经》，符合于自然，不要通宵达旦，不要吃太饱。在这个时代看，学中医好苦，实际上是自得其乐，自得其功。我们从历史，从大环境来看，历史上的大医其实真的很少，从历史记载可以追溯到的大医不会超过50位。一个时代，就像我们这个时代，出现几位就已经不得了。

刘兵：我有一个印象，谈得越深、说得越细致的话，又会发现中医和西医的范式差异是非常深刻的。这种差异的深刻性意味着融合的艰巨和困难。或者至少退一步来说，我们承认中医和西医的相对独立性和并存，也会有一些相互影响。或者说，任何一种医学总都有自己的长项和短项。西医在特定的疾病的处理上，也有优于中医的。中医在特定的疾病上也有优于西医的。

龚若朴：西医和中医共生。

刘兵：但是有时候我们把这件事弄得特别绝对。比如说，现在很多的民族医学的医院，包括中医院，你到急诊的时候、急救的时候，不许用民族医学。当然有时候对有些急症中医也不是很擅长，但也有一些，比如说那个蒙古医学，他们过去打仗对外伤处理是很有自己的心得的，但是还是不能用。所以背后的意识形态就是，没救过来死了，那你就是不行。但是所有的医学治病哪有不死人的？西医的死是合法的死，中医的死就是不合法的。西医治过来了，到了病房，常规的治疗可以用中医。这有可能让我们走上极端化的单一标准。

龚若朴：在网上有这样一句极端的话，"中医救人无功，西医杀人无过"，有可能是一种写照。刚才你讲到的这个抢救性急症的问题，因为我们现在各大的医院，包括公立的三甲、综合医院和中医院，它都缺乏这些中医急救的人才。那如果再往前推50年这批人才还在。就像我的父亲20世纪80年代在北京参加一个会议的时候，一位两院的院士叫郑贤礼，他评价我父亲是中国个体中医治疗急腹症的第一人。急腹症是什么？就是急性发作的腹部的一些综合征，包括现在讲的急性阑尾炎、急性胃肠炎、急性肝炎、急性胆管炎、急性胰腺炎、肠梗阻等，像这些疾病在七八十年代，甚至是八九十年代死亡率都很高。因为那是我们中国的西医学还不太行，尤其是在二三线、三四线城市。我父亲就用中医和西医的两套路子，用西医做一些常规的检查，比如说早期都有的一些超声检查，还有拍X光片和化验。这些是西医的手段我们叫"用"，而作为"体"的治疗方案还是中医的。比如说针灸、按摩、推拿，还有一些汤药，多管齐下。也是创造了一个奇迹，就是他在治疗了将近20万例的病患当中没有出现过一例死亡。当然20万例不是所有都是急腹症，至少可能有几千例的急腹症，甚至是有一些已经濒临死亡的。现在的中医院里，这样的人才很少了，而且现在的医疗环境、医患关系很难让一位中医站出来舍生取义，变得很困难。

1918年大流感和今天的新冠肺炎
——《大流感：最致命瘟疫的史诗》读后

此文原刊于2020年4月18日《中华读书报》。

江晓原：新冠肺炎疫情正在全球呈惊天暴发态势，但在它却已被中国人强力按倒在地。国内外处境的戏剧性场景转换，在很短时间内就告完成。在这个过程中，我注意到两样东西——口罩和呼吸机。

这两样东西在中国都没成为问题：中国公众出门都自觉戴上口罩，没产生过争议；在举国支援武汉乃至湖北时，呼吸机的供应也没有引起什么问题。因为据我所知，只有危重病人才需要上呼吸机。

可是场景一转换，等疫情在西方暴发，口罩和呼吸机都成了问题。初期出现口罩短缺这很正常，现在中国作为世界工厂已经缓过劲儿来，正在源源不断地向世界各国提供口罩。但口罩在西方疫情中的主要问题，似乎是人们普遍不愿意戴它。而与此同时，呼吸机却严重短缺，在疫情重轭下呻吟的欧洲各国纷纷表示急需呼吸机，美国疫情严重的各州都在争抢呼吸机，特朗普甚至不得不动用《国防生产法》逼迫美国大公司制造呼吸机。以至于有人戏言：拒绝口罩就会需要更多的呼吸机。

疫情中，西方人经常提到1918年的大流感，那场大流感以前通常估计的死亡人数为2000万，后来新的估计为5000万到1亿。2018年，正值那场大流感一百周年，《大流感：最致命瘟疫的史诗》一书中译本出了新版。疫情中重温此书，当然会有很多收获。先看看书首的老照片吧：纽约街头的警察和环卫工人都戴着口罩！图注说："所有纽约城的工人都戴上了口罩。"另一组照片是西雅图的工人、警察和在街上行进的军队，他们全都戴着口罩！图注说："同其他地方一样，西雅图成了一个'口罩'城市。"

你看，100年前他们戴口罩不是什么问题，为什么现在却变得那么排斥口罩了呢？

刘兵：首先，我们还是先简单总结一下《大流感》这本书吧。此书的作者的背景也很特别，既是学历史出身，又有当记者和足球教练的经历，还写过多本畅销书，其历史写作又曾得过历史学领域中的奖项，连这本《大流感》也曾被美国国家科学院评为2005年度最佳科学/医学类图书。由这样一位作者写出的这本《大流感》，确实不同于一般科普图书，而是很有历史研究的基础和风格，同时，又不像许多历史研究著作那样枯燥，而是颇具可读性。尽管如此，我记得曾有某位编辑和我说，似乎当年此书出版时卖得并不理想（2008年第一版只印了4000册），并猜测是因为有些读者会觉得此书的书名不吉利。不过，在今天又一轮新冠肺炎疫情的背景下，我想重读此书显然别有一番意义，也许会有更多读者有兴趣阅读此书。

关于历史学的价值，或者说历史有什么作用和启示，有人曾戏说，如果历史带给人们什么教益的话，那就是历史告诉我们：人们从不接受历史的教训。这种看上去颇有些自嘲的戏说，其实还真是有些道理。

此书中的老照片确实挺有历史感，也像你说的，其中确实许多人都是戴着口罩的，而近来，网上涉及国内外防疫的许多争议，也经常关乎戴不戴口罩的问题。前些天，我在北京科技大学的一次网上讲座中，也还专门提到这次疫情为 STS（科学技术与社会）的研究提供了众多有趣的话题，其中之一就是口罩。如果从医学史、医学文化、物质文化、大众文化，或者说从 STS 的角度，口罩绝对是非常值得研究的一个问题，不仅仅简单的防疫技术，而是涉及更多、更复杂的因素。

不过，对于你说的"100 年前他们戴口罩不是什么问题，为什么现在却变得那么排斥口罩了呢"的言外之意，我倒是觉得并非是那么简单的一个判断就可以说明问题。100 年前戴口罩也未必就不是问题，现在一些外国人"排斥"口罩也未必就那么像许多人想象的那么愚蠢，而是涉及更多、更复杂的因素。

江晓原：如果仅看照片，当然缺乏足够的上下文，不过在这本 660 多页的厚书中，口罩根本没有呈现为一个问题；此书初版的年份是 2004 年，至少 2004 年的本书作者也没有认为 1918 年流感中口罩是一个需要展开论述的问题。你想想看，一个在"很有历史研究的基础和风格"的著作中都没有展开论述的问题，在当下生死攸关的情境中却成了问题，这种强烈的、鲜明的对比，向我们暗示了什么？这至少很难让人把今天西方人拒斥口罩看成他们比百年前的祖辈更具智慧的证据吧？

当然，这只是《大流感》带给我们的启发之一，况且研究"口罩心理学"也不是我们这篇对谈中的任务，还是让我们静候STS学者们在疫情过后发表深入研究此次疫情中西方社会口罩问题的文章吧。

我们则尝试回到1918年大流感的历史现场。那场流感的杀伤力是如此之大，至少死亡了2000万人，而今天的新冠肺炎无论再怎么肆虐，相信它不可能造成那样级别的死亡。这当然可以找到多重原因。

首先，是这一个世纪以来的医疗技术有了显著的进步，这一点儿没有问题。

其次，疫情的危害形式也不一样。1918年的流感潜伏期不超过72小时，这在今天看来倒是有利于防控的，但它对人体的摧残比新冠肺炎凶猛得多，在当时有些病例中，健康的人染上12小时后即告死亡。

最后，我感觉最重要的一个原因，是因为当时正值第一次世界大战后期。那时盛行阵地战，双方动不动几十万士兵在前线堑壕中对峙，这不就是现在各国最害怕、出台种种措施防控的"大规模聚集"吗？在这样的环境中，病毒的传播当然就插上了翅膀。这样的场景现在肯定不会再重现了。

刘兵：在将历史与当下相比较时，相同或相似的东西值得关注，而差异也同样值得关注。通过书中对1918年那场大流感在美国的惨烈经历的细致描写，其中许多情形不禁让人联想到当下的疫情发展过程中的相似场景。但在这100年中，确实从医学、科学到社会生活等方面，又都发生了巨大的变化。这些变与不变，可以让人们去思考医学、科学、发展、社会体制与文化，以及人性的许多本质性的东西。

我也基本相信这次的新冠病肺炎疫情不大可能产生像1918年大流感那样的上千万人死亡的情形,但在你说的原因中,我觉得,也还可以有些分析。其一,100年来医疗技术确实有了显著的发展(100年前显然没有呼吸机),但在这样的情况下,仍有如此多的重症患者不治而亡,更不用说即使现在很快就找出了病原体病毒,却仍然没有特效药。因此结合你说的第二点,实际上可以做出死亡人数小于100年前大流感的更重要的因素,还是因为此次病毒的相对温和。也许不应过于乐观而是应实事求是地看待科学技术进展带来的有限进步。可以设想,如果这次的病毒真像上次的大流感那么凶猛,当下的科学技术和医疗手段恐怕对于死亡人数减少的直接作用也会非常有限。

你谈到的最后一个关于"大规模聚集"的原因,也许更加复杂。100年前的大流感虽然在最初阶段是因战争和军队的因素,难以避免大规模聚集而传播开来,但在后期,在军队之外的社会上的流行,虽然也有人群聚集的因素(据此书描述在初期同样也有游行、集会等情况),但后来疫情迅速发展,似乎人群聚集也不再是主要因素了。实际上,100年来社会的发展,带来了更多交流途径和更多的传播渠道。严格隔离的时间过长,带来的各种后果也已经不是当下的社会形态所能承受得了的。这反而是更值得思考的新问题。

江晓原:但是不管怎么看,战争肯定是那次大流感造成巨大灾难的重要原因。对此我还在书中看到了另一个有力的证据——那个证据在今天可是极有眼球吸引力的哦。

我们知道,1918年的大流感经常被称为"西班牙流感",不过本书作者在书中非常明智地避免使用"西班牙流感"这个名称。但是对于这次流感究竟发源于哪个国家,本书则明确表示了自己的意见,作者的结论是:铁证如山,1918年大流感始于美国,并随美国军队登陆法国而扩散开来。你看,确实是和战争有关啊!

在我们此次对谈的过程中,美国新冠肺炎确诊人数跃居全球第一,而且一骑绝尘,远远领先于所有国家,截至今日,美国确诊病例已超过40万人。政要们对于口罩的态度终于开始改变,特朗普已经正式建议大家戴口罩,他还表示如果没有口罩可以用围巾代替;白宫应对新冠肺炎特别小组的成员福奇则表示:"最好的方法之一就是使用口罩,但一个障碍是,必须确保不从医护人员手中夺走口罩"——看来美国的口罩短缺问题仍未解决。

呼吸机通常被认为是20世纪80年代发明的,1918年流感时当然没有这个设备,但是初版于2004年的本书中倒是对当时美国的呼吸机有所论述。作者指出:"美国拥有105000台呼吸机,其中四分之三处于日常使用状态。在一般流感季节,呼吸机的使用率会升至近100%。"也就是说,在2004年,全美国有10万多台呼吸机,基本处于供需平衡的正常状态。这个数据对于我们理解在新冠肺炎疫情暴发后,今日美国为何呼吸机极度短缺,也是有帮助的。

刘兵:即使那场大流感的早期传播与战争密切相关,但在后期,主战场却显然是转移到了军队之外,而这次新冠肺炎疫情在武汉暴发。也许今后的研究中,它的真正起源会成为一个重要问题,但在当下,如何面对和控制已经在全球蔓延的疫情,则是处于首位的问题。

如前所说,在这百年间,科学的发展非常迅速,从书中的描述来看，当时对于大流感的医学了解是非常有限的，连病原体的确定都是很久以后的事了。也正由于这点，随着流行病学等领域的进步，在这次疫情期间，一些在大流感中还没有的认识已经处在新一轮的讨论中。也正是在我们对谈的这几天中，关于群体免疫、无症状感染者等的话题也越来越多地见诸媒体。在全球化的进程中，虽然中国现在已经极少再增加本土确诊病例，但在全球疫情的局面下，我们到底能够隔离于国际社会多长时间呢？

为了阻止病毒的传播，许多国家也纷纷封城封国，按下暂停键对经济的影响是显而易见的，至少在一段时间内，像以往那样保持经济的增长是不可能了。以往，在像环保等领域，人们曾讨论过现有的生产、生活、消费方式和相应的GDP增长模式的不可持续性。如果病毒真是大自然的产物，那么这次倒真是因大自然的力量而迫使人们改变（至少在一段时间内不得不改变）这样的社会发展模式了，这也许是新冠肺炎疫情带来的意外后果。